智能测控仪器

毛　奔　管练武　赵恩娇　**编著**

哈尔滨工程大学出版社
Harbin Engineering University Press

内 容 简 介

本书首先介绍了智能测控仪器中人工智能技术的主要应用,论述了智能测控仪器的发展、研究课题和内容等。其次介绍了智能测控仪器的分析、设计及实现过程;讲述了基于物联网和云计算的智能远程测控仪器的实现过程,详细介绍了目前在测控领域成功应用的深度学习;给出了一些具体的智能测控仪器范例、设计方法和具体工程实现;将人工智能领域中最新成果如深度学习、大数据分析、数据挖掘、无人系统等,应用在测控仪器中。最后介绍了智慧城市路况及智慧海洋等应用实践。

本书既可供高等院校自动化、测控技术与仪器等专业高年级本科生,精密仪器及机械、控制科学与工程的研究生,以及高职高专学生作为教材使用,同时也可供有一定智能测控仪器基础的开发人员、广大科技工作者和研究人员参考。

图书在版编目(CIP)数据

智能测控仪器/毛奔,管练武,赵恩娇编著. —哈尔滨:哈尔滨工程大学出版社,2021.12
 ISBN 978 – 7 – 5661 – 3317 – 5

Ⅰ.①智… Ⅱ.①毛… ②管… ③赵… Ⅲ.①电子测量设备 Ⅳ.①TM93

中国版本图书馆 CIP 数据核字(2021)第 232092 号

智能测控仪器
ZHINENG CEKONG YIQI

选题策划　刘凯元
责任编辑　张　彦　关　鑫
封面设计　李海波

出版发行　哈尔滨工程大学出版社
社　　址　哈尔滨市南岗区南通大街 145 号
邮政编码　150001
发行电话　0451 – 82519328
传　　真　0451 – 82519699
经　　销　新华书店
印　　刷　哈尔滨午阳印刷有限公司
开　　本　787 mm × 1 092 mm　1/16
印　　张　11
字　　数　262 千字
版　　次　2021 年 12 月第 1 版
印　　次　2021 年 12 月第 1 次印刷
定　　价　45.00 元
http://www.hrbeupress.com
E-mail:heupress@ hrbeu.edu.cn

前　言

智能化已成为技术变革、产业发展的重要方向。其基本特征为以大数据为基础,将信息技术和生命科学技术有机结合,在制造、投资、贸易、教育、医疗、文化、交通、建筑、居住、生态环保等多个领域被广泛应用,深刻改变了人类社会的生产和生活方式。本书主要研究了基于物联网和云计算的智能测控仪器建设案例,探索了物联网、大数据、云计算等高新技术在测控仪器中的应用模式,研究了测控仪器中"物""机""数据"各角色之间的交互关系,介绍了智能物联云计算搭建模型,为远程测控仪器的智能化建设提出畅想与建议,以提高智能测控仪器的运营效率,增强测控仪器的实用效果。

我们生活在万物互联的智能时代,我国人工智能相关的产业正成为重要的新经济增长点。此外,智能化在解决经济社会生态及各种问题的过程中并不是简单地重复和模仿,而是要努力创造新的未来。下一步我国将从营造良好产业生态,夯实技术基础,促进产业融合,加强人才培养和激励,加强法制监督和推进国际合作六个方面推进发展。

人工智能和网络的飞速发展,使精密仪器加工和测量仪器的远程化、网络化、智能化成为现实。我们生活在万物互联、智能设备普遍存在的时代中。4G 改变生活,5G 改变社会。目前 5G 通信技术应用横跨工业、医疗、教育、文旅、交通等行业,为千行百业的数字转型发展带来新动能。随着 5G 网络建设与 5G 通信技术在数字经济中的深入融合,5G 技术将融合云计算、大数据、人工智能、物联网等新一代信息技术,实现万物互联并全面赋能数字经济发展。这些美好又智能的场景源于科技的发展,虚拟现实(VR)、增强现实(AR)、人工智能、万物互联,这些听起来很遥远的词汇,在 5G 的融合下已经来到我们身边。借助 5G 高速率、低时延、大连接的网络通信优势特性,可以实现精准定位、远程维护、远程操控、智能巡检、安全管理等。当下 5G 技术已经落地,并且在智能测控仪器中得到了广泛应用。

近年来,人工智能产业吸引融资数量持续增长。2020 年中国人工智能领域融资规模约896 亿元,资本持续看好中国人工智能产业发展。随着国家政策的倾斜和 5G 等相关基础技术的发展,我国人工智能产业进入快速增长阶段,市场发展潜力巨大。截至 2020 年 6 月底,我国人工智能核心产业规模达 770 亿元,预计在 2025 年将达到 4 000 亿元,未来有望发展为全球最大的人工智能市场。

未来,人工智能有望与虚拟现实技术及增强现实技术相结合,为虚拟制造、模拟医疗、教育培训、影视娱乐等提供场景丰富、互动及时的平台环境。

人工智能将加速企业数字化转型。人工智能技术各细分领域不断地创新和发展,带动生产效率大幅提升,企业将扩大人工智能资源的引进规模,加大自主研发投入,将人工智能与其主营业务结合,提升核心竞争力。

人工智能将与汽车产业加速融合,实现感知、决策、控制等专用功能模块,进一步革新传统汽车产业链,使汽车加速智能化、网联化。汽车维护与检测是当代汽车应用的重要组成部分,目前,汽车还未能完全实现智能化的自我预测维护。而在未来人工智能汽车中,智能汽车会自动连接云服务平台,在此基础上实时监控汽车上的数百个传感器,并通过学习算法发现汽车本身发生的细微变化,在汽车出现问题之前就进行预测和判断,进而将汽车相关数据发送至汽车服务平台与汽车驾驶人员电子终端系统中,并提出合理化建议。这样,未来的智能汽车维修行业就会大幅度提升维修速度,提高汽车的使用效率。

人工智能将在制造业的更多环节、更多层面得到推广和深化,需求导向、痛点聚焦将成为人工智能与制造业融合的关键之一,人工智能产品和服务将落在具体的工业智能产品或具体行业领域的系统解决方案上。以芯片检测为例,如果生产 5 亿块芯片,人工检测每年大约需要 6.4 亿元,但是如果利用视觉和机器学习,人工参与度将大大降低,从而节约成本。

在库房管理与物流中的智能应用,比如某物流库房需要按照订单和发货地分拣成品,同时回收空的料箱,并把部分废料等扔进废料堆放处。这项工作的每个班次由两名工人合作完成,库房内有粉尘和噪声,每天累计重复分拣动作要执行 2 000 ~ 3 000 次,虽然重物搬运由机械手完成,但仍是强度大、环境差、技术含量低的重复性工作。企业用一台机器人替换每天三班倒的两个工位,机器人带有机器视觉系统,成品识别和发货地分拣的准确率很高,已不需要库房留人补缺,只在废料等回收时由工人拣出极少量的空箱即可。

人工智能产业底层支撑持续提升,未来,围绕包含算法、数据和算力的人工智能新基建的"三驾马车",人工智能产业链建设力度将继续增大。

边缘人工智能可以与 5G 和物联网等其他数字技术相结合。物联网为边缘人工智能系统生成数据以供使用,而 5G 技术对于边缘人工智能和智能物联网的持续发展至关重要,可以帮助其更加高效地实现远程智能测控功能。各种人工智能开发环境和工具不断得到广泛应用。人工智能云平台成为各行各业发展的依托。边缘人工智能的用例几乎包括所有在本地设备上进行数据处理比通过云平台更有效的实例。边缘人工智能的一些常见用例包括自动驾驶汽车、无人机、面部识别和数字助理等。

我国坚持将智能制造作为主攻方向,发布了一系列相关政策文件,在推动数字化、网络化、智能化建设方面取得了重要进展和显著成绩。仪器仪表发展的必经之路是智能化。目前,国内对进口仪器仪表的依赖度较高,外资品牌占据国内实验室检测仪器的大部分席位。随着国内传统产业的转型升级,新兴产业加快发展,重大工程、成套装备、智能制造、生物医药、新能源、海洋工程、环境治理、检验检疫等诸多领域对仪器仪表的需求有望进一步增加。智能化设备的开发大大拓展了仪器仪表设备应用的深度与广度。近几年,仪器仪表产业结构发生着根本性的变革,从仪器仪表技术的发展趋势来看,仪器仪表的智能化是不可逆转的发展趋势。目前,我国智能仪器仪表市场已经进入激烈竞争的阶段,仪器仪表制造业作为我国制造业的重要组成部分,其智能制造升级也极大地影响着"中国制造2025"的进程。

　　总体来讲,基于物联网、智能云计算、大数据分析的智能测控仪器是未来仪器仪表的发展方向。

　　全书共分 6 章。第 1、2 章为基础内容,着重介绍智能测控仪器的应用和发展,以及智能测控仪器的原理等;第 3、4 章为智能测控仪器的设计与实现等。第 5、6 章为智能测控仪器的应用实例,包括智慧城市路况信息和智慧海洋。在编写过程中,笔者参考了相关书籍,在此对文献作者表示感谢。本书作者均为哈尔滨工程大学智能科学与工程学院教师。书中第 1、2 章由毛奔副教授编写,第 3、4 章由管练武讲师编写,第 5、6 章由赵恩娇讲师编写。在此特别感谢哈尔滨工程大学出版社对于本书出版的大力支持。

编著者
2021 年 5 月

目　　录

第1章 绪 论

从"智慧地球"到"感知中国",智能化检测、监控等随处可见。精密仪器可以说是无精不测,任何高精度的测量和精密加工设备都是精密测量的结果。智能测控仪器无处不在,智能化已成为技术变革、产业发展的重要方向。

测控技术与仪器是由电子、光学、精密机械、计算机、信息与控制技术等多学科互相渗透形成的一门高新技术密集型综合学科,主要研究测量与控制的新原理、新技术,以及仪器的智能化、微型化、集成化、网络化和系统工程化等。智能测控仪器是仪器科学和智能科学结合的产物。测控技术与仪器专业的学生主要学习精密仪器的光学、机械与电子学基础理论,测量与控制理论和有关测控仪器的设计方法,接受现代测控技术和仪器应用的训练。学习完成后,学生将具有本专业测控技术及仪器系统的应用和设计开发能力,可在国民经济各部门从事测量与控制领域内有关技术、仪器与系统的设计制造、科技开发、应用研究、运行管理等方面的工作。

本书的知识综合性较强,前导基础主要是模拟电子技术、数字电子技术、微机原理、单片机原理、传感器等。学生通过本书的学习,能较为系统地掌握智能测控仪器的基本概念、工作原理、主要技术与设计方法。"智能测控仪器"课程可培养学生运用所学知识开展综合设计和创新实践的能力,增强学生的创新意识。但目前该课程的实验多数为验证性质实验或为要求不太高的综合设计类实验,欠缺对学生智能化方面能力的培养和训练,为更好地达到培养计划的要求,急需进行较大的改革和调整。

1.1 测控技术与测控仪器概述

1.1.1 测控技术

与一些西方国家相比,我国的测控技术发展较慢,还需进一步的努力。在工业化发展的过程中,如果测控技术发展不良,对其会起到阻碍作用。长此以往,对于国家的经济发展也会造成不良的影响。因此对于我国测控技术的发展而言,其发展过程要结合我国工业经济发展特征,顺应时代发展的潮流,积极引进国外的先进技术。对于测控工作人员而言,在测控的过程中要时刻保持终身学习观念和创新能力,在我国测控技术发展到新阶段的过程中创造出更大的价值。同时应当积极推进测控技术与测控仪器的智能化应用,使我国测控技术迈上新的高度。

1.1.2 测控仪器

测控仪器指的是在实际测控过程中对数据进行采集和收集的工具。测控仪器的发展水平对测控技术的整体发展起决定性作用。在测控过程中,测控仪器和测控技术的相互促进,才能够使实际测控过程达到更好的效果。基于此,我国在测控仪器的发展过程中应当积极推进测控仪器的更新换代。同时对于测控技术人员而言,在应用测控仪器的过程中应当积极对测控仪器进行改进,并积极推进其智能化。

1.2 智能测控仪器

当前,测试技术已经渗透到很多领域中,与各学科都是紧密相连的,它的发展对各个学科领域都有着重要影响。大部分科学技术的发展都离不开测试技术的支撑,需要采用测试技术对其进行准确测试并补充完善。

世界各国都将工业互联网和人工智能(AI)相结合的智能制造作为改造提升传统工业制造、塑造未来产业竞争力的共同选择。美国提出了工业互联网参考架构 IIRA(industrial internet reference architecture);德国提出了“工业 4.0”参考架构 RAMI 4.0(reference architecture model for Industries 4.0);日本提出了产业价值链参考架构 IVRA(industrial value chain reference architecture)。为推动工业控制领域通信的规范化和标准化,全球工业强国和组织纷纷开展了工业互联网相关参考架构的研究。随着人工智能、大数据和5G通信等技术快速发展,测试仪器仪表和测试计量技术在开发领域正日趋智能化。智能化的测试仪器已不再是以传统的仪器仪表和测量手段对物品进行测试计量,而是采用了以多种传感器为智能仪表,以智能信息处理为核心的多维度智能检测设备。

1.2.1 基本介绍

智能测控仪器是智能型、高精度的数显温度、压力、液位的测量控制仪表,与各类传感器、变送器配合使用,可对温度、压力、液位、流量、质量等工业过程参数进行测量、显示、报警控制、信息输出、数据采集和通信。智能仪器是含有微型计算机或微处理器的测量仪器,结合物联网(IoT)技术和云计算,拥有对数据的存储运算、智能分析及智能化操作等功能。

1. 意义

智能测控仪器的出现极大地扩充了传统仪器的应用范围。智能测控仪器凭借体积小、功能强、功耗低、网络化、智能化等优势,迅速地在家用电器设计、科研单位和工业企业研究中得到了广泛的应用。

2. 工作原理

传感器拾取被测参量的信息并转换成电信号,经滤波去除干扰后送入多路模拟开关;由单片机串行选通模拟开关将各输入通道的信号逐一送入程控增益放大器,放大后的信号经模/数转换器(A/D 转换器)转换成相应的脉冲信号后送入单片机中;单片机根据仪器设定的初值进行相应的数据运算和处理(如非线性校正等);运算的结果被转换为相应的数据进行显示和打印;同时,单片机把运算结果与存储于闪速存储器(Flash ROM)或电可擦除存储器(EEPROM)内的设定参数进行运算比较后,根据运算结果和控制要求,输出相应的控制信号(如报警装置触发、继电器触点等)。此外,智能测控仪器还可以与个人计算机(PC)组成分布式测控系统,由单片机作为下位机采集各种测量信号与数据,通过串行通信将信息传输给上位机——PC,由 PC 进行全局管理。

3. 功能特点

随着微电子技术的不断发展,集成了 CPU、存储器、定时器/计数器、并行和串行接口、看门狗定时器、前置放大器甚至 A/D、数/模(D/A)转换器等电路在一块芯片上的超大规模集成电路芯片(即单片机)出现了。以单片机为主体,将计算机技术与测量控制技术结合在一起,又组成了所谓的"智能化测量控制系统",也就是智能测控仪器。

与传统仪器相比,智能测控仪器具有以下功能特点:

(1)操作自动化。仪器的整个测量过程,如键盘扫描,量程选择,开关启动闭合,数据采集、传输与处理及显示打印等,都用单片机或微控制器来控制操作,实现测量过程的全自动化。

(2)具有自测功能。自测功能包括自动调零、自动故障与状态检验、自动校准、自诊断及量程自动转换等。智能测控仪器能自动检测出故障的部位甚至可检测出故障的原因。这种自测功能可以在仪器启动时运行,也可在仪器工作中运行,极大地方便了对仪器的维护。

(3)具有数据处理功能。这是智能测控仪器主要优点之一。智能测控仪器采用了单片机或微控制器,使得许多原来用硬件逻辑难以解决或根本无法解决的问题,现在可以用软件非常灵活地加以解决。例如,传统的数字万用表只能测量电阻或交、直流的电压、电流等,而智能型的数字万用表不仅能进行上述测量,还具有对测量结果进行如零点平移、取平均值、求极值、统计分析等复杂的数据处理功能,不仅可使用户从繁重的数据处理中解放出来,也可有效地提高仪器的测量精度。

(4)具有友好的人机对话能力。智能测控仪器使用键盘代替传统仪器中的切换开关,操作人员只需通过键盘输入命令,就能实现某种测量功能。与此同时,智能仪器还通过显示屏将仪器的运行情况、工作状态以及对测量数据的处理结果及时告诉操作人员,使仪器的操作更加方便、直观。

(5)具有可编程操控能力。一般智能测控仪器都配有 GPIB、RS 232、RS 485 等标准的通信接口,可以很方便地与 PC 和其他仪器一起组成用户所需要的具有多种功能的自动测量系统,用以完成更复杂的测试任务。

4. 发展历史概况

20 世纪 80 年代,微处理器被用到仪器中,仪器前面板开始朝键盘化方向发展,测量系统常通过 IEEE - 488 总线连接。不同于传统独立仪器模式的个人仪器得到了发展。

20 世纪 90 年代,仪器仪表的智能化突出表现在以下几个方面:微电子技术的进步更深刻地影响了仪器仪表的设计;数字信号处理(digital signal processing,DSP)芯片的问世,使仪器仪表的数字信号处理功能大大加强;微型机的发展,使仪器仪表具有更强的数据处理能力;图像处理功能的增加十分普遍;VXI 总线得到了广泛应用。

近年来,智能测控仪器的发展尤为迅速。国内市场上已经出现了多种多样的智能测控仪器,如能够自动进行差压补偿的智能节流式流量计,能够进行程序控温的智能多段温度控制仪,能够实现数字 PID(比例、积分、微分)和各种复杂控制规律的智能调节器,以及能够对各种谱图进行分析和数据处理的智能色谱仪等。

国际上智能测控仪器更是品种繁多,例如,美国 Honeywell 公司生产的 DSTJ - 3000 系列智能变送器,能进行差压值及状态的复合测量,可对变送器本体的温度、静压等实现自动补偿,其精度可达到 ±0.1% FS(满量程);美国 RACA - DANA 公司的 9303 型超高电平表,利用微处理器消除电流流经电阻时产生的热噪声,测量电平可低达 -77 dB;美国 FLUKE 公司生产的超级多功能校准器 5520A,内部采用了 3 个微处理器,其短期稳定性达到 1×10^{-6},线性度可达到 0.5×10^{-6};美国 FOXBORO 公司生产的数字化自整定调节器,采用了专家系统技术,能够像有经验的控制工程师那样,根据现场参数迅速地整定调节器,由于这种调节器能够自动整定调节参数,可在生产过程中体现最优性能,特别适用于对象变化频繁或非线性的控制系统。

1.2.2 智能测控仪器特点

智能测控技术是在传统测控技术的基础上发展起来的,是传统测控技术的升华和突破。人工智能、大数据和 5G 通信等新技术对测控技术有很大的影响。下面从多个角度对智能测控仪器的特点进行介绍和分析。

1. 测量精度和可靠性要求

一方面可以利用计算机强大的硬件功能提高智能测控仪器的测量精度,另一方面也可以利用不断开发的各种智能控制算法来提高测量精度和稳定性。特别是一些智能控制算法,如深度神经网络、模糊控制、遗传算法、粒子群算法等不断被引入智能技术后,相比于传统测控仪器,智能测控仪器具有更高的测量精度和可靠性。

2. 数字柔性化

智能测定仪器内部集成了现场可编程逻辑门阵列(field programmable gate array,FPGA),也采用了更先进的智能化处理器,结合各种智能控制算法,大幅提高了数字的柔性化性能。在柔性化及可扩展性方面,智能测控仪器远远超过传统测控仪器。

3. 测试处理

智能测控仪器在测量采样、信号滤波、信号放大、数据补偿、信号转换、数据处理和数据输出的整个过程中都采用新一代的测试技术。其中,每个环节的处理速度都比之前有所提高,从而使智能测控仪器的整体测试处理速度有了突破性的提高。芯片产业的迅猛发展为测控仪器获得更高的速度性能提供了基础条件,同时可进行高速数据处理的计算机或服务器也为测控仪器获得更高速的处理性能奠定了坚实的基础。

4. 自补偿与自诊断

智能测控仪器不但测量范围广、测量功能多、测量能力强,还具备强大的故障诊断和自补偿能力。随着智能测控仪器诊断算法的不断进步,其不但能诊断测控仪器的各种传感器,也能诊断测控仪器的控制系统、输入端口、输出端口及通信端口,还能诊断软件算法中的补偿系数是否为最优。智能测控仪器具备故障诊断和自补偿能力,相比于传统测控仪器,具备更高的可靠性、自维修性和稳定性。

5. 信息存储与可追溯

智能测控仪器需要具备信息存储和信息可追溯功能。测控仪器的测量和测试数据是宝贵的,需要长期保存,以便用于查询、追溯和分析。智能测控仪器可以将测量和测试数据存储到存储器中,提升测控仪器的信息可追溯性能;也可以将测量和测试数据保存到本地服务器或雾服务器上,与本地网络中的其他设备和仪器共享数据;还可以将测量和测试数据上传到云服务器,用于大数据分析处理。相比于传统测控仪器,智能测控仪器不但可以存储更多的数据,还具备更强的数据追溯能力。

6. 自学习与自适应

智能测控仪器采用了各种自学习和自适应算法,结合嵌入式处理器或计算机的强大处理能力,具备自学习和自适应能力。

1.2.3　智能测控仪器的发展趋势

伴随着微电子技术、计算机技术、通信技术、智能控制技术等的快速发展,测试仪器在与它们结合之后也获得了长足的发展。很多文献对测试仪器、测试系统、测试生态等多个方面进行了研究和分析。如虚拟仪器与传统仪器的比较分析,再如基于无线通信技术对测试技术进行研究。还有文献对新能源与智能电网产业计量测试服务平台的建立及服务模式进行了研究。上述文献从多个角度研究了测试技术,给出了诸多有意义的研究成果,但是很少有文献能将人工智能、大数据和5G通信等新技术与测试技术紧密地结合起来进行研究。测试技术的智能化发展主要靠测试仪器、测试系统和测试生态的智能化,测试仪器的智能化是整个测试技术智能化的核心。

目前智能测试技术得到了飞速发展,各种智能化技术被充分地应用于测试仪器的开发全过程中,如将智能采集、智能变换、智能存储、智能传输、智能显示和智能控制等技术进行综合应用,以及将具有大容量储存和快速信息处理的计算机技术和不断创新的信息通信技术相结合进行综合开发应用。总之,智能测控仪器的发展趋势是在这些技术发展的基础上对人工智能、大数据和5G通信等新技术进行综合应用。

1. 新型智能信息处理方法

随着对模糊控制研究的不断深入,数据处理能力的不断提高,以及人工神经网络的不断发展,新型智能信息处理方法和各种智能算法将进一步促进智能测控仪器的性能提升。在未来应用中,智能测控仪器可根据不同测试需求采用相应的新型智能信息处理方法。

不同新型智能信息处理方法的智能算法的复杂程度差异较大,依据其占用系统资源的多少,可将新型智能信息处理方法分为以下三类:

(1)占用系统资源较少的,可以考虑将这类新型智能信息处理方法的智能算法直接嵌入传感器芯片或测试仪器的控制系统;

(2)占用系统资源中等的,与现场其他设备数据交换多而频繁且对实时性要求也高的,可考虑将其智能算法放置到边缘服务器或雾服务器中;

(3)占用系统资源较多的,要用到大数据的,特别是对处理器要求很高的,可以考虑将其智能算法放置到云服务器中。

当然这些新型智能信息处理方法也不是一成不变的,其与人工智能、大数据和5G通信等技术的发展紧密相连,也要根据具体测试应用场景的需求来确定,有时也可将上述方法结合使用。

2. 标准化——互联互通

工业领域一直在研究工业互联网及通用架构,目的是真正地实现工业领域的云层、工厂层、控制层、现场层、传感器层互联互通和一网到底。目前,美国提出的工业互联网参考架构 IIRA、德国提出的"工业 4.0"参考架构 RAMI 4.0 及 OPCUA(open platform communication unified architecture)和 OPCUA TSN(time–sensitive networking)等,都已解决了一些问题,实现了不同系统在垂直领域中互联互通的标准规范架构,但是在工业互联网领域,还有很多路要探索和开拓。

在工业互联网领域中,计量测试仪器、测试系统、测试生态也与工业互联网的发展紧密相关,计量测试技术的发展方向紧跟着工业互联网技术的发展方向。智能测控仪器也应该采用与工业互联网领域一致的通用架构和标准规范,从而实现测试仪器与工厂现场网络、工厂网络、互联网、云端的互联互通,以及信息数据的相互共享。随着工业互联网技术的发展,将来可通过工业互联架构、5G通信、大数据等技术与各种人工智能算法的结合,为不同应用场景的测试仪器设计更具通用性的架构和模块,让智能测控仪器具有更强的互联互通性能。

3. 集约化

随着多功能集成测试需求的不断扩大,气体测试、光电测试、视觉测试、超声波测试、激光测试、电磁测试、红外测试、仿生测试等将会被更频繁地集成使用,进一步增强测试仪器的全面性和集成性。各行各业越来越关注集约化设计,工厂和生产车间的布局要集约化规划,自动化生产线的设计要集约化,测试仪器的设计也是如此。就测试仪器来说,当今人们不但要求仪器的体积越来越小,而且要求仪器集成的功能越来越多。这些新需求都对测试仪器的设计提出了更高的要求,测试行业已普遍把这些当作未来设计的基本要求。未来,随着测试仪器的传感器、处理器、智能算法、存储、数模转换、通信等技术的不断创新发展,测试仪器集约化设计也将取得更大的突破。

4. 无线通信

目前,随着工业控制网络和互联网的快速发展,绝大部分测试设备都具备网络通信功能。考虑到不同行业的需求,在很多移动应用场合和野外的应用场景中,无线通信已被智能测控仪器广泛地使用。如陆地专业移动无线、移动网络、蓝牙(bluetooth)、无线射频辨识(radio frequency identification,RFID)、紫蜂(ZigBee)、无线局域网络(Wi-Fi)等已被成熟应用于很多场合。但是,过多的无线通信方式也不利于互联互通的发展。目前通过一些网络转换模块将不同的网络互联,不但增加了通信成本,还增加了通信延时。

将来,随着新一代无线通信技术的不断创新,包括无线通信在内的整个通信网络也将进一步走向通用化和标准化。未来5G、6G、7G通信和低轨通信卫星技术将不断被应用到智能测控仪器中以提高智能测控仪器的智能化水平。

5. 虚拟技术

微电子、计算机、信息、网络、通信等技术的巨大进步,共同促进了虚拟技术的发展。尤其是云计算、边缘计算、雾计算、现场总线技术、5G通信的快速发展,把虚拟技术推向了一个新的高峰。未来,虚拟技术将与现实技术进一步结合,提高测试仪器的虚拟性和智能性。人工智能技术和增强现实技术逐步实现了技术与应用的突破,成为科技创新的热点之一。

6. 智能测试生态

智能测试生态平台的主要功能是将测试传感器、测试仪器、测试系统、测试边缘计算服务器、测试雾服务器、测试云服务器、测试大数据服务器等通过网络互联互通,提高测试仪器的智能化水平。智能测试生态平台的建设在不同的应用领域中有不同的网络拓扑和组成部分。

未来,在工业控制系统中,主要依据实时工业以太网或工业5G网络来建设智能测试生态平台,将整个产业链的所有测试仪器、测试系统都整合到一个平台中。这样,整个产业链中的所有测试数据都会被实时监测、处理、分析、保存,不但能提高测试精度和稳定性,而且能通过这些产业链的大数据诊断和预测产品、设备可能出现的问题,进而做到"早发现,早解决"。在工业领域中,智能测试生态平台最终会与企业资源规划(enterprise resource planning,ERP)、制造执行系统(manufacturing execution system,MES)、监控与数据采集系统(supervisory control and data acquisition,SCADA)等合而为一。

智能测试生态平台的建设,主要通过资源共享与供需联动,探索资源种类较为齐全、服务层次较为完善的计量测试服务模式,为测试需求场景、测量需求场合、检测实验室等提供测试综合服务,支持共性及个性关键技术的研发与设计,为智能测试需求产业提供有力、持续、健康的技术支持。

智能测试生态平台的发展需求,首先促进了智能测试资源的供给侧提升,同时加强了与需求侧的无缝对接,实现了供需对接;其次优化了实体资源的管理体制和运行机制,促进了各类测试仪器、环境场地、专业人才的共享,实现了整合复用;最后以"互联网+"为核心,为智能测试技术的进步和创新提供了多方位的服务。

7. 微型化

微型智能仪器指将微电子技术、微机械技术、信息技术等综合应用于仪器的生产中,从而使仪器成为体积小、功能齐全的智能仪器。它能够完成信号的采集、线性化处理、数字信号处理、信号的输出与放大、与其他仪器的接口、与人交互等功能。随着微电子机械技术的不断发展,微型智能仪器的技术不断成熟,价格不断降低,其应用领域也将不断扩大。它不但具有传统仪器的功能,而且能在自动化技术、航天、军事、生物技术、医疗等领域起到独特的作用。例如,要同时测量一个病人的多个不同参量,并进行某些参量的控制,通常要在病人的体内插进几根管子,这增加了病人感染其他病原菌的机会,微型智能仪器能同时测量多个参数,而且体积小,可植入人体,使得上述问题得到解决。

8. 多功能

多功能本身就是智能仪器仪表的一个特点。例如,为了设计速度较快和结构较复杂的数字系统,仪器生产厂家制造了具有脉冲发生器、频率合成器和任意波形发生器等功能的函数发生器。这种多功能的综合型产品不但在性能上(如准确度)比专用脉冲发生器和频率合成器高,而且在各种测试功能上提供了较好的解决方案。

9. 人工智能化

人工智能是计算机应用的一个崭新领域,是指利用计算机模拟人的智能,并将其用于机器人、医疗诊断、专家系统、推理证明等各方面。智能测控仪器的进一步发展将含有一定的人工智能,即代替人的部分脑力劳动,从而在视觉(图形及色彩辨读)、听觉(语音识别及语言领悟)、思维(推理、判断、学习与联想)等方面具有一定的功能。这样,智能测控仪器可无须人的干预而自主地实现检测或控制功能。显然,人工智能在现代仪器仪表中的应用,使人们不仅可以解决利用传统方法很难解决的一类问题,而且有望解决利用一些传统方法根本不能解决的问题。

10. 网络化

网络化即将仪器仪表融合系统编程技术(in-system programming, ISP)和嵌入式微型因特网互联技术(embedded micro internetworking technology, EMIT),实现仪器仪表系统的因特网(Internet)接入。Internet 技术正在逐渐向工业控制和智能仪器仪表系统设计领域渗透,实现智能仪器仪表系统基于 Internet 的通信能力,及对设计好的智能仪器仪表系统进行远程升级、功能重置和系统维护。

ISP 是对软件进行修改、组态或重组的一种最新技术。它是 LATTICE 半导体公司首先提出的一种使人们在产品设计、制造过程中的每个环节,甚至在将产品卖给最终用户以后,具有对其器件、电路板或整个电子系统的逻辑和功能随时进行组态或重组能力的最新技术。ISP 消除了传统技术的某些限制和连接弊病,有利于在板设计、制造与编程。ISP 硬件灵活且易于软件修改,便于设计开发。由于 ISP 器件可以像任何其他器件一样,在印刷电路板(PCB)上处理,因此编程 ISP 器件不需要专门的编程器和较复杂的流程,只需要通过 PC、嵌入式系统处理器甚至 Internet 远程网进行编程。

EMIT 是 EMware 公司创立 ETI(extend the internet)扩展 Internet 联盟时提出的,是一种将单片机等嵌入式设备接入 Internet 的技术。利用该技术,能够将 8 位和 16 位单片机系统接入 Internet,实现基于 Internet 的远程数据采集、智能控制、上传/下载数据文件等功能。

目前美国 ConnectOne 公司、EMware 公司、TASKING 公司和国内 P&S 公司等均提供基于 Internet 的 Device Networking 的软件、固件(firmware)和硬件产品。

11. 虚拟仪器(virtual instrument,VI)是智能仪器发展的新阶段

测量仪器的主要功能都是由数据采集、数据分析和数据显示 3 大部分组成的。在虚拟现实系统中,数据分析和显示完全用 PC 的软件来完成。因此,只要额外提供一定的数据采集硬件,就可以与 PC 组成测量仪器。这种基于 PC 的测量仪器称为虚拟仪器。在虚拟仪器中,使用同一个硬件系统,只要应用不同的软件编程,就可得到功能完全不同的测量仪器。可见,软件系统是虚拟仪器的核心,"软件就是仪器"。

传统智能仪器主要在仪器技术中使用了某种计算机技术,而虚拟仪器则强调在通用的计算机技术中吸收仪器技术。作为虚拟仪器核心的软件系统具有通用性、通俗性、可视性、可扩展性和升级性,能为用户带来极大的便利。因此,虚拟仪器具有传统智能仪器无法比拟的应用前景和市场需求。

12. 云计算多功能仪器和技术平台

云计算多功能仪器和技术平台云应用程序虚拟环境(cloud applications virtual environment,CLAVIRE)旨在为多学科领域的计算机建模和数据处理提供多用户系统的寿命周期(包括原型设计、开发、操作和现代化)。在单一的仪器环境中,现代信息技术(云计算、大数据技术、智能数据分析技术、超级计算机建模技术、交互式可视化和虚拟现实)功能的共生组合提供了开发优势,从而使它们能够灵活有效地组合在一起,以创建用于各种目的的软件系统和综合体。该平台提供在各种模型(SaaS、IaaS、DaaS 和 PaaS)中有效管理分布式云环境的计算、信息和软件资源,其中 SaaS(software as a service)为软件即服务,IaaS(infrastructure as a service)为基础即服务,DaaS(data as a service)为数据即服务,PaaS(platform as a service)为平台即服务;支持在分布式云环境中基于分布式应用程序服务的、云运行的、特定领域的高性能组合应用程序的创建、执行、管理和提供访问服务;确保软硬件的功能,以支持基于公司、公共和混合云的各个主题领域中特定领域的云计算基础架构,包括超级计算机资源、网格系统、各种提供商的云环境。CLAVIRE 平台是根据"信息技术公司"的指令创建的。

智能云计算技术平台的优势如下:通过在单个平台上有效地组合各种模块来减少45% ~ 60%的基于 CLAVIRE 软件系统的开发时间;使用云资源和 CLAVIRE 服务将软件(信息)系统创建的成本平均降低至原来的1/4;初始资格要求低,培训人员、使用和维护系统的成本低;应用领域广泛,可开发和运行基于云计算技术的、用于各个学科领域的计算机建模和数据处理的多用户系统。

13. "工业 4.0"条件下的测试系统

目前,装备的自动测试水平成为衡量装备维修现代化水平的一个重要标志,对自动测试系统的研究成为各国装备研究的重要内容之一。美国对自动测试系统的研制和应用非常重视,他们将测试性作为装备的一种设计特性,其在自动测试领域的技术水平处在世界前列。我国自动测试系统的发展经历了从引进、仿制到自主研制的过程,初步形成了"通用

化、综合化、模块化"的发展系列。当前,我国在"工业 4.0"时代的技术发展对自动测试系统的进一步发展提出了需求,同时也提供了必要的技术条件。科研人员尝试在新的工业技术发展背景下讨论特定使用条件下的测试技术和测试系统的设计。

测试技术随着社会发展和科技进步而不断发展,测试系统的发展和演化与近现代工业联系密切。

"工业 1.0"时代是机械制造时代,通过水力和蒸汽机实现工厂机械化,以机械生产代替了手工劳动,经济社会从以农业、手工业为基础转型到以工业、机械制造带动经济发展的新模式。工业生产需要的测试测量仪器仍然以尺规等传统工具或者是经过改进和完善的尺规工具为主,在这个时代和工业技术条件下,当时的测试测量技术只是在数百年来传统仪器的基础上进行了改进和完善。

"工业 2.0"时代是电气化与自动化时代。这次的工业革命,因为有了电力,所以才进入了由继电器、电气自动化控制机械设备生产的年代。工业发展进入电子技术时代后,半导体等电子器件的发明推动了电路发展,将电气自动化技术应用于测试测量设备中,产生了以示波器、万用表等为代表的电子测量仪器。复杂机电系统的测试依赖于当时的仪器和测量技术水平,形成了流水线或生产线形式的测量形态,没有形成系统和标准体系。

"工业 3.0"时代是电子信息化时代。电子与信息技术的广泛应用,使制造过程自动化控制程度大幅度提高。工厂大量采用由 PC、PLC/单片机等控制的自动化机械设备进行生产。自此,机器能够逐步替代人类作业,不仅接管了相当比例的体力劳动,还接管了一些脑力劳动。在以互联网和信息技术为代表的"工业 3.0"时代,计算机技术、通信技术、软件技术等普遍应用于工业和日常生活场景,工业测试技术在此背景下得到飞速发展,针对复杂机电系统测试需求,产生了以工业通信技术和工业总线技术为基础的测试测量仪器,数字化和互联网为测试系统奠定了自动化、信息化的技术基础。在此阶段,大工业工程需要的自动测试系统发展迅速,测试系统具有自动化、模块化、标准化的特点,出现了以 VXI、PXI、LXI 等为代表的仪器总线和设备,出现了提供专业测试测量技术和系统集成技术的公司,进一步推动测试测量技术的商业化应用和技术进步。在这个阶段,美国自动测试系统先后经历了专用化、模块化和通用化 3 个阶段,其中,"综合测试设备族""联合自动化支持系统""模块化自动测试设备"成为自动测试系统的里程碑,主要技术成果以美国航空业的"铁鸟"试验系统,美国军用通用自动监测设备(MATE)、联合自动支持系统(CASS)、三级梯队移动测试系统(TETS)、陆军进程测试设备(IFTE)为代表。

"工业 4.0"或者智能工业,是从嵌入式系统向信息物理融合系统发展的技术进化。作为未来第四次工业革命的代表,"工业 4.0"不断向实现物体、数据及服务等无缝连接的互联网(物联网、数据网和服务互联网)的方向发展。"工业 4.0"具有自调适功能的智能化特点,能在设计制造过程中根据变化情况,利用大数据分析工具和智能技能软件及时做出调整,"工业 4.0"的出现是新技术成熟并融合的表现,人工智能、物联网和大数据信息融合三大技术是"工业 4.0"的基石。这一切都预示着在"工业 4.0"时代,技术发展和工业生产需求会推动测试测量技术、测试系统的技术进步和发展,以适应工业生产发展的需求。因此在"工业 4.0"发展的趋势下,复杂机电系统的自动测试技术和系统,对未来系统的研发具有划时代和现实意义。针对上一代自动测试系统在使用中出现的问题和技术发展情况,美国国防部与工业界联合成立了多个技术工作组,将自动测试系统划分为影响系统标准化、互操作性和全寿命周期费用的多个关键元素,并以此为基础建立了下一代测试系统开放式体系结构,以综合保障需求为目标演示了一种网络中心测试与诊断系统。总之,集虚拟化、综合化、网络化于一体的网络中心测试与评价技术可适应未来技术发展,代表了军工试验与测试技术未来的重要发展方向。

"工业4.0"背景下的测试系统的技术特征主要包含以下3个方面。

(1)形散而神不散

从"工业2.0"到"工业3.0"背景下的测试形态具有从个体、单独、流水线到系统优化集成的特点,体现了由分散到集中、由独立到系统的发展形态。系统化的测试系统有利于优化配置测试资源,能够将各种测试资源集中优化设计,有利于模块化、自动化设计。相比于集中式测试系统形态,"工业4.0"概念包含了由集中式控制向分散式增强型控制的形态转变,目标是建立一个高度灵活的智能化、数字化的服务形态的测试系统。"工业4.0"背景下的测试系统的特点是系统内设备的联系更加集中,设备分散、控制大脑集中,数据收集和传输分散、数据分析处理集中,请求服务模式交互,表现出"形散而神不散"的形态。

(2)模块化、通用化、智能化、信息化、标准化

模块化是测试系统的永恒主题。"工业4.0"背景下的模块化形式有别于完全物理形态的模块化。该模块化具有分布式布局的独立终端,既能够独立工作又能够通过无线通信网络组成系统,空间布局相对自由。通用化指具有相同的定义和规范,模块具有相同的接口形态。具有相同接口形态的模块可以互换互联。智能化是"工业4.0"最大的特点,也是测试系统应该具备的特点,能够智能存储、智能交互信息,信息处理智能化,具有一定的推理判断能力。信息化是"工业4.0"背景的基本特征,万物互联,测试系统的每个数据和操作都成为互联系统的信息。标准化("工业4.0"的必要条件)是指为了实现整个工作过程的协调运行、提高工作效率等目标,而对产品的结构、接口、过程等制定统一规定,做出统一标准。

(3)融合于大工业环境,未来信息互联、物联

5G、AI、IoT等新信息通信技术打造的信息流将是孕育"万物"的基础。在卫星数据链、5G/6G通信、区块链、量子通信等技术的支持下,测试系统既可以独立地成为一个物联系统,又能够成为广域互联的一部分,通过广域物联和信息融合网络,用户随时随地能够获取需要的信息。"工业4.0"的软件支持信息物理系统,通过"3C"技术[即计算(computation)、通信(communication)和控制(control)]的有机融合与深度协作,实现大型工程系统的实时感知、动态控制和信息服务。通过计算、通信与物理系统的一体化设计,形成可控、可信、可扩展的网络化物理设备系统,通过计算进程和物理进程相互影响的反馈循环来实现深度融合与实时交互,以安全、可靠、高效和实时的方式检测或控制一个物理实体。本质上是实现以人、机、物的融合为目标的计算技术,从而实现人的控制在时间、空间等方面的延伸,因此测试系统也会融合在工业发展的大环境中,形成"人—机—物"融合的信息物理系统。

智能测控仪器的发展也带动着其他领域的研究与发展,比如工业控制、农业工程、化工

工程、海洋工程、石油工程、航空制造等领域的很多测量或检测问题,都会随着智能化仪器的发展而得到有效解决。

在这个科学技术发展日新月异的时代,智能化已经成为各个学科研究领域未来的发展趋势及发展方向,测试技术的发展也是如此。随着计算机技术与网络技术的不断创新,测试仪器将不再是一个单独的个体,未来的发展方向将会是以大型计算机为数据处理中心,测试仪器之间相互连通形成大型的智能测试生态网络平台。随着人工智能、大数据技术、5G通信、云计算低轨通信卫星技术的快速发展,相信在不久的将来,测试仪器的智能化发展必将有革命性的突破。

1.3 智能化测试系统的技术基础

1.3.1 通信技术

当前的通信技术已不能满足自动测试系统保密、室内外复杂场景可靠性通信及通信低延时的需求。通信技术的进步为分布式架构提供了技术条件。随着5G、AI等信息工程新基建项目的开展,通信技术会得到飞速发展。当前5G的无线传输速度可以达到20 Gbit/s,低延迟率将其延时缩短到不到1 ms,几乎是实时的。5G连接密度极大,连接数密度可达每平方千米100万个,从而有效支持海量物联网设备接入;流量密度可达每平方米10 Mbit/s,允许所有联网设备无缝接入互联网,永久在线。网络超高速、超低延迟、实时在线使得云端计算结果在个人终端设备实时显示成为可能。新形态下,设备不需要具备完整运算能力的硬件,只需要接入5G网络即可按照所需的运算能力申请云端服务。得益于5G的高速"零"延迟无线网络,应用功能可在云端服务器完成。设备终端只需一台联网智能显示终端,即可申请云端运算服务;云端运算服务根据需求建立云服务器,统一调配算力,优化资源配置。数字化新基础设施以数字化、智能化为支撑,是数字时代的信息高速公路。这条信息高速公路将承载千行百业的数字化转型进程,从而催生更大的发展势能。2020年,我国在基于量子中继的量子通信网络技术方面取得重大突破,在国际上首次实现相距50 km光纤的存储器间的量子纠缠,为构建基于量子中继的量子网络奠定了基础。通过技术改进,优化光路传输效率,将存储器的光波长由近红外(795 nm)转换至通信波段(1 342 nm),经过50 km的光纤时仅衰减至3%,效率较之前提高了16个数量级。随后,研究人员通过中继实现了500 km的光纤量子通信,通过卫星中继实现了1 000 km的量子密钥分发。这些研究为量子通信的广域组网奠定了技术基础。无线局域网技术(WLAN)是物联网时代的主流无线通信技术之一。它是一种基于无线射频技术的数据传输系统,将区域内的多个支持相同无线协议的设备连接到同一个网络系统。最新一代支持EEE802.11ax标准的无线局域网将5G领域的射频技术、算法及5G组网概念引入网间协议(internet protocol,IP)领域,具备

10 Gbit/s 峰值速率、10 ms 时延的特点,该应用覆盖室内、室外各类场景,为室内设备的互联提供了条件。

1.3.2 电源技术

测试系统需要电源为测试系统本身或被测对象提供能源,因此电源技术的发展为新形态测试系统的构建提供了技术支撑。测试系统的电源提高了能量密度,但是在抗冲击、模块化、测试性设计、电源的功率体积比、智能化管理等方面仍不能满足系统需要。电源技术的发展决定了测试系统组态的体积、灵活性和智能程度。电源经过分离元器件、功率集成电路搭建的交直流变换电源逐步向蓄电池、超级电容、石墨烯电池等新能源发展。当前信息系统的主流供配电逐步采用基于智能锂电特性的不间断电源(uninterruptible power supply,UPS)供配电解决方案,多方位保证大型系统的供配电的可靠性。紧贴供配电需求,现在的供配电技术将输入输出和电源管理融于一体,全模块冗余设计,系统无单点故障,具备全链路可视功能、关键部件失效预警、失火风险提前关断功能,保障系统可靠运行,同时简化运维工作。锂电池 UPS 系统支持新旧电池柜混用,并联环流可以控制在 2% 以下,具备可靠性高、使用寿命长、运维简单等优点。预制电力模块解决方案可以将配电系统的变压器、输入输出配电柜、制冷设备等智能融合在一起,采用模块化插拔式设计,具备主动均流技术,支持新旧电池组混并,通过供电全链路监测,可实现毫秒级的故障检测和故障隔离、分钟级的故障恢复,同时可精确预测电池寿命和健康度,及时排除有失效隐患的电池组,变被动告警为主动预防,极大地提高了能源基础设施的可靠性和可用性。石墨烯电池结合当前智能化的供配电技术具有如下特点:极致可靠,采用最安全电芯和均压控制模块,实现电池模块级容错设计,消除单点故障;按需部署,数字化重构简单高效,使用模块化设计,支持功率模块按需部署和扩容。系统供配电新能源时代已经到来,UPS 创新性地结合电子技术与数字化智能技术,使用模块化设计,最高效率高达 97%,支持功率模块按需部署和扩容,使用寿命长达 15 年,并以永远在线、简单易用等特性引领供电数字化,为系统供配电设计提供了更多可选择的技术方案。

1.3.3 高速 A/D 及数字信号处理技术

数字化是“工业 4.0”的特征,基于 A/D 采样的图像处理、信号特征提取、数字数据的数学计算,在计算机辅助下应用越来越广泛,技术相对成熟。目前高速 A/D 采样能够达到 1 Gbit/s 以上的速率,离散数字信号加上各种算法能够满足信号测量、图像处理等使用需求,为示波测量奠定了基础。A/D 数据预处理和集成电路(integrated circuit,IC)技术,使数字信号前端设计变得更加简单、可靠和经济。A/D 采样数据传输也得到了集成。串行传输技术不仅解决了输出速率不足的问题,而且不存在高速传输并行信号偏移的问题,可以显著增强通信系统间的数据传输效果,能够满足航天、雷达、通信等需要进行大量数据处理领域的需求。前端 A/D 变换、数据预处理及数据传输的集成应用,使高速数据采集应用变得简单、高效和经济。随着智能传感器技术的发展和集成化程度的提高,数据的收集已经变得简单和可行,这些为测试系统数字化、智能化的前端设计奠定了物理基础。

1.3.4 软件技术

测试系统软件是整个系统实现的核心,是针对当前网络体系的定义、人工智能应用、跨终端设计、底层安全性设计等需要更新的技术支持。伴随着"工业4.0"的不断深入,软件技术的重要性也日益提升,并且发展势头迅猛。将在"工业4.0"舞台上登场的主角包括连接虚拟空间与物理现实的信息物理系统,联网设备之间自动协调工作的通信,对通过网络所获取的大数据进行充分运用的系统联动软件。未来大数据发展的终极目标是没有数据,即通过对传感器、装备的了解与掌控,使收集数据成为不必要的工作,通过工业IT设施收集、传输、分析和处理大数据,利用云计算对数据进行处理,而云计算的发展也使分析与处理大数据变得更加高速与高效。下一代的操作系统为了适应"工业4.0"时代的应用需求,初步具有如下能力:

①分布式架构。分布式架构分布式架构能够实现跨终端无缝协同,将相应分布式应用的底层技术实现难度对应用开发者屏蔽,使开发者能够聚焦自身业务逻辑,像开发同一终端一样开发跨终端分布式应用,也使最终跨终端业务协同能力为各使用场景带来无缝体验。

②确定时延和高性能进程间通信(interprocess communication,IPC)技术应用能够保证系统流畅。确定时延技术在任务执行前分配系统中对任务执行优先级及时限进行调度处理,优先级高的任务资源将优先保障调度。

③基于微内核架构的操作系统将重塑终端设备的可信安全性。基于新的内核架构设计的操作系统拥有更强的安全特性和低时延等特点,在操作系统内核之外的用户可以尽可能多地实现系统服务,同时加入相互之间的安全保护,能够为用户提供更加安全可信的系统控制。

④未来的软件开发将通过统一集成开发环境(integrated development environment,IDE)支撑一次开发,多端部署,实现跨终端生态共享,操作系统提供方将同时为使用者提供高效的开发工具和环境,满足用户二次开发设计的需求。

软件定义无线网络也是"工业4.0"时代的主要网络特点之一。目前,无线网络面临着一系列的挑战。第一,无线网络中存在大量的异构网络(如LTE、Wimax、UMTS、WLAN等),由于现有移动网络采用了垂直架构的设计模式,异构无线网络难以互通、资源优化,存在无线资源浪费的现象。第二,网络中的一对多模型(即单一网络特性对多种服务)无法针对不同服务的特点提供定制的网络保障。软件定义无线网络技术将控制平面从分布式网络设备中解耦,实现逻辑上的网络集中控制,数据转发规则由集中控制器统一下发,可以获取、更新、预测全网信息,能够很好地优化和调整资源分配,简化了网络管理,提高了无线网络资源利用率。

1.4 "工业4.0"条件下测试系统的形态及构建

在"工业4.0"时代,测试系统应用需要具备以下5个核心能力:一是集成大量实时信息和历史操作信息;二是建立和维护持久、稳固的不同数据源之间的关联关系;三是通过业务规则和模型,对数据进行分析,进而实现实时的智能操作;四是展现直观的图形化智能信息;五是根据需要,自动将相关操作信息传输到各个智能终端,提升信息和知识在测试系统内的共享效率。围绕这些系统需求,提出一种测试系统形态和框架,阐述如下。

1.4.1 基于复合总线的系统架构

依托"工业4.0"时代的信息物理系统构建的自动测试系统将物理设备联网,使物理设备具有计算、通信、精确控制、远程协调和自动控制5大功能。具体来说,自动测试系统包括数据处理中心、智能前端、能源中心和数据通道4大功能模块,各功能模块通过数据通道连接成系统,并通过数据通道进行数据交互和控制信息交互。自动测试系统的功能架构示意图如图1.1所示。系统基于信息物理网络系统,依托传感器、软件、网络通信系统、新型人机交互方式,实现测试系统的智能化、分布式、自动化的形态布局和测试功能。

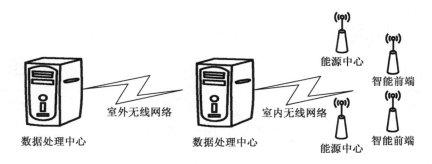

图1.1 "工业4.0"条件下自动测试系统的功能架构示意图

数据通道是测试系统信息传输的通道总称,用来传输智能终端、能源中心之间和它们与数据处理中心之间的数据信息、控制信息和状态信息,是信息传输的高速公路,数据通道被设计为复合总线,包括室内5G信号通道、室外5G信号通道、智能终端模块间高速数据传输通道等。数据通道数据传输延迟小于1 ms,传输平均下载速度不小于700 Mbit/s,能满足测试系统实时性要求。数据通道同时具有加/解密功能,对在通道上传输的数据进行加密或解密处理。数据处理中心在5G网络中,物理位置比较灵活,可以与智能前端在同一厂房,也可以在具有5G网络的任何地点,通过5G网络与其他模块连接。数据处理中心对数据进行分析处理,与数据前端进行通信,监测能源中心的运行,获取系统内各模块的工作状态,与其他信息系统进行交互。通过信息处理、人工智能等技术的集成与融合,可以形成具有感知、分析、推理、决策、执行等功能的智能化数据处理中心。通过后台积累丰富的数据,然后构建需求结构模型,并进行数据挖掘和智能分析,为智能终端提供所需的请求服务。智能前端靠近测试对象,负责采集测试对象的数据,包括各种信号、图像、数据,提供测试对象需要的各种激励信号。智能前端与数据处理中心通过5G网络连接,上传智能前端的数据和状态信息、向数据处理中心提出请求服务,执行交互信息中的命令,管理智能前端的工作状态。智能前端将传感器、处理器、存储器、通信模块、传输系统集成优化,使其具有动态存储、感知和通信的能力,实现测试过程的可追溯、可识别、可定位。能源中心负责整个系统供电及管理,为测试对象提供所需要的电能,提供供电安全保护。能源中心可以由多个模块化电源组成,各电源模块可以分布式布局,也可以通过电源管理系统串/并联成为功率更大的电源。

1.4.2 数据通道

数据通道是具有时代特征的通信技术的综合应用,包括分布式通道的构件、数据通道两端的构件、智能终端的构件。数据通道具有统一的接口规范和数据协议,是应用和设计测试系统的基础及关键,利用模块化、通用化的数据通道能够灵活组建测试系统,能够改造原有的测试系统,具有重要的现实意义和应用前景。测试系统数据通道示意图如图1.2所示。

图1.2 测试系统数据通道示意图

分布式数据传输通道采用5G联网技术进行传输,采用数据加密技术对传输通道上的数据进行加密。数据传输通道采用分层实现的方式,分为物理层协议(主要基于5G通信技术,用于底层物理信号的处理和数据传输)、中间层协议(主要用于加/解密的数据加工)、应用层协议(用于用户获取数据并对其进行解密和缓冲存储处理)。数据通道的两端布局为基于5G基带芯片的通信模块,采用数据智能全闪存技术,保证数据收发存储的速度和可靠性。数据交互接口采用工业上常用的总线技术,智能前端内的模块也采用总线架构,保证数据通道接口的标准化、通用化和模块化。智能前端内部模块接口可以采用传统的PXI、PC104、1553B等成熟的工业总线形式,依据智能前端功能和性能设计而定,但是在数据通道的设计规范中明确各工业总线应用层的数据传输规范。智能前端内部功能模块间的数据传输通道根据实际需要进行设计和应用。

1.4.3 数据处理中心

数据处理中心提供测试系统的计算、显示、数据存储等功能,实现计算、通信和控制的融合与协作,为系统提供实时感知、动态控制和信息服务。通过软件定义无线网络,实现逻辑上的网络集中控制、数据转发规则,获取、更新、预测全网信息,优化和调整资源分配,简化网络管理。数据处理中心被设计为云端服务器,实现测试系统的所有管理和运算能力,为智能前端、能源中心和远程用户提供各种请求服务,为客户提供快速有效的设备维修技术服务。数据处理中心是整个测试系统的核心,包括前端数据接收存储、中端数据分析处理、后端数据存储备份等部分。数据处理中心结构如图1.3所示。

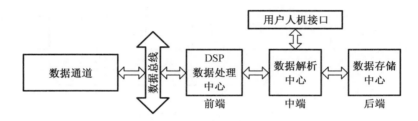

图1.3 数据处理中心结构

前端数据接收存储模块主要由 DSP 处理器构成,通过总线与数据通道模块交互信息,对接收的数据信息实时加工处理,将处理后的数据传送到中端数据分析处理设备。前端数据接收存储模块采用智能全闪存技术。该技术在当前的通信领域已经达到2 000 万 IOPS[①]及 0.1 ms 时延,采用全互联高可靠架构,确保单系统最大可容忍几个控制器失效(如 8 坏 7),做到数据前端接收存储的安全可靠。性能方面,2 000 万 IOPS 以及 0.1 ms 时延能够满足数据交互的实时性。中端数据分析处理模块为高性能计算机,负责运行测试控制程序,接收前端数据模块送来的需要显示的数据,将数据以表格、图形、动画等形态生动地呈现给用户,提供良好的人机交互界面和功能。同时将接收的数据传输到数据库服务器保存。终端服务器同时负责整个系统的管理和云端服务。数据分析处理部分用于对数据处理中心接收的数据实时处理,对状态数据进行显示,通过图形、动画、3D 动态图等直观的形式显示给用户;对数据信息进行实时计算、判断、分析、比较等处理。对命令数据进行及时处理,响应智能终端的指令,根据应用程序和测试程序请求发送控制命令,控制整个测试系统的运行。数据存储部分主要由数据库服务器组成。由计算机和数据库管理系统软件共同构成了数据库服务器,数据库服务器为客户应用提供服务。这些服务包括查询、更新、事务管理、索引、高速缓存、查询优化、安全和多用户存取控制等。数据库服务器保存的数据包括测试系统各部分运行状态信息、智能前端产生的原始数据、经过处理的中间数据和历史数据。数据库服务器提供监控性能、并发

---

① IOPS(input/output opercotinosper second)意为每秒进行读写操作的次数。

控制等工具,还提供统一的数据库备份和恢复、启动及停止数据库的管理工具。服务器可以移植到功能更强的计算机上,不涉及处理数据的重新分布问题。数据后端提供数据存储备份功能,为专用的数据服务器,满足数据可靠存储、检索等数据管理的需求。

1.4.4　智能前端

智能前端为测试系统通用化模块结构,用于构建各种测试功能模块和激励信号源,是模块化设计的容器。智能模块包括通用智能架构和功能模块。通用智能架构由通用的、标准化的机柜机箱、供配电系统、智能管理系统和功能模块等组成。智能前端架构示意图如图 1.4 所示。

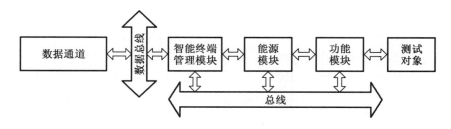

图 1.4　智能前端架构示意图

智能前端除了通用化的接口外还具有分布式布局的通信组网接口。信号测量采用基于高速 A/D 采样的数字示波技术,该技术结合数字信号处理算法能够满足所有信号量的测量需求。智能前端提供了构建各种信号源的公共资源,在这些资源的基础上可以轻松构建光学、微波信号源并提供测试测量需要的微波信号、光学信号或电磁信号。智能前端提供测试功能所需要的各种测试测量资源,提供的公共资源负责处理组成系统所需的网络资源。能源部分为测试对象和测试系统自身提供能源。能源系统为分布式模块化设计,根据测试系统的能源需求进行分布式配置。能量根据测试功能模块需求和测试对象的能量需求进行分布式配置。各能源模块通过测试系统的数据通道与数据处理中心连接,将电源的状态信息实时反馈到信息处理中心,接收信息处理中心的控制消息。供电系统是支撑整个测试系统平稳运行的核心部分,需要满足供电极高可靠、极简运维的需求。能源中心是整个测试系统能源部分的总称,分布于测试系统的各个功能模块或是独立成为一个功能模块,电源采用全模块的设计和模块化插拔式设计,维护简单;通过模块的串并联和主动均流技术模块化组装成各种功率模块,电源模块均流技术支持新旧电池模块混并,扩容简单。每个电源模块上都有一个智能管理模块,保证电源的电流和电压均衡,可将它们自动调整到最稳定的工作状态,并能够通过 AI 和大数据的方式对电源生命周期的一些状态、健康度进行评估和预测以保证工作的安全。配电融合设计,全链路监控层可保障电源的可靠性,充分满足测试系统可靠运行的要求。

1.4.5 国产化跨平台软件设计

测试系统为松耦合、分布式系统,智能数据终端、功能模块、电源管理、用户界面、数据处理中心等分别具有不同的功能需求和硬件基础,因此需要测试软件运行的平台能够面向全场景分布式操作,能够同时满足全场景流畅体验、架构级可信安全、跨终端无缝协同及一次开发多终端部署的要求,打通手机、电脑、平板、电视等用户终端。测试软件基于下一代的国产操作系统进行设计和开发,实现国产化和跨平台应用。因此,软件设计选择真正能够满足跨平台、分布式、架构级安全可信,能够提供设计开发环境和软件应用生态的国产化操作系统。软件的架构和开发环境取决于未来国产化操作系统的开源程度,测试软件的设计也会成为国产软件生态系统中的一个应用分支。测试系统软件架构示意图如图 1.5 所示。

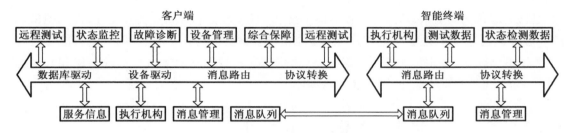

图 1.5　测试系统软件架构示意图

技术进步为"工业 4.0"的生产组织形态形成提供了条件,"工业 4.0"生产发展为技术的应用提供了土壤,未来在 5G 技术、人工智能、量子通信、自动控制、新型智能传感器的加持下,包括测试技术和测试设备在内的各项技术及设备形态都会得到时代技术的哺育,产生适应时代发展和技术进步的新的成果,为装备保障和自动测试设备的发展及超越提供契机。

1.5　人工智能技术在电子测试中的发展及应用

电子测试的需求和应用范围逐步扩大,倾向于自动化、网络化、集成化。近年来,人工智能相关技术在各个领域发展迅速,传统的电子测试技术需要考虑与人工智能技术相结合:一方面,测试要适应人工智能赋能的电子系统的新型测试需求;另一方面,应用人工智能技术可以提升测试的效率和精度。

1.5.1　电子测试的发展现状和主流技术

自动测试将大量测试资源集中起来,包括测试仪器、测试人员、测试数据,以满足测试需求的集中实现和决策判断。其中,测试需求的实现以系统化、平台化的数据采集为主,决策判断以对数据的人为分析和结合具体测试对象的物理模型为主。伴随着电子测试智能化、共享化、精准化、高效化、快速化的需求的提升,自动测试已逐渐不能满足现代电子智能测试的需求。电子测试具有智能化、网络化、综合化的发展趋势。电子测试技术的智能化发展,既表现在感知交互功能的继承和发展,又表现在对数据的精确分析和对健康状态的预测。电子测试的网络化发展,主要应用于信息的获取,人们的生产、生活都与网络息息相关。电子测试的综合化发展,主要体现在测试功能和需求的多样性。电子测试最初由单一功能的测试仪器完成。经过多年的发展,现在的电子测试使用综合性、集成化的测试仪器或测试系统,从简单的数据采集到故障状态的阈值判断,再到统计推断或利用神经网络算法进行健康预测的引入;从人与仪器的简单交互,到人与复杂测试系统的交互,再到图像识别、语音识别等智能交互方式的引入。智能化、网络化、综合化三者相辅相成,智能化是电子测试网络化、综合化实现的基础保障,网络化解决了智能化对于数据高效传输和共享的需求,综合化是测试智能化、网络化的具体体现。

1.5.2　人工智能的发展现状和应用

人工智能的发展经历了半个多世纪,从早期的推断统计方法和专家知识库,到后来的浅层神经网络和支持向量机、贝叶斯推断等,再到近些年得到快速发展的卷积神经网络、循环神经网络等,其应用也越来越广泛,覆盖了计算机视觉、语音识别、自然语言处理、人机博弈、金融建模等多个领域。人工智能的飞速发展,呈现出深度学习、跨界融合、人机协同、群智开放、自主操控等新特征。同时,计算机和数据科学技术的发展,直接推动了深度学习的发展和应用。芯片工艺、高速存储设备等硬件技术的迅速发展,也极大地提高了人工智能对于大量数据的算力。人工智能与大数据技术、芯片技术等的深入融合,既推动了人工智能自身的发展,也催生了多个产业的变革。在未来,人工智能将更加深刻而广泛地影响社会生产的各个领域。

1.5.3　人工智能在电子测试领域的应用

测试系统的自动化、网络化、智能化程度决定了电子测试的发展水平。测试系统的基础是测试仪器。人工智能与测试的结合的具体体现:一是生态体系的建设,即搭建测试领域的数据库平台、云计算平台,将共性信息与技术共享化、体系化,针对生态系统内的用户,将复杂计算和数据存储放在云端,数据采集和信息反馈放在测试前端,既可以实现智能化的体系管理,又可以实现智能化的大规模计算。二是测试系统级别的结合,即通过网络化、智能化的方式,实现仪器自组网、系统间信息共享和测试流程优化。三是测试仪器的智能化,体现在测试交互的智能化和测试效率与精度提升的智能化上,即一方面通过图像、语音等新的交互方式,记录或指导测试行为,代替测试人员的手动输入或调试,提高测试效率或实现复杂危险环境下的自动化测试;另一方面通过人工智能算法对测试数据进行去噪和预处理,或者使人工智能算法服务于故障诊断和健康管理,进一步实现电子测试的后端应用。

1. 测试仪器与人工智能

测试仪器与人工智能实现深度融合,瞄准智能微波测试、智能光电测试、智能网络测试、智能计量服务、智能测试交互集成与智能专用测试扩展等应用方向。测试仪器是测试的最前端,承担着测试的主体工作。从功能角度,测试仪器实现与测试对象对接、数据采集、简单的数据预处理、去噪等功能,每一个功能都可以与智能算法相结合。与测试对象的对接可以应用图像识别、语音识别等不同的交互手段,主要使用卷积神经网络、循环神经网络等深度学习算法,将交互对接智能化;在数据采集端,使用人工智能算法对数据采集的行为习惯和方式进行自学习,以自学习系统代替人为操作;在数据预处理端,采用神经网络、降维、主成分分析等算法,实现对数据的压缩、特征提取,为后续故障诊断与健康管理做预先研究工作;从产品角度,充分应用测试仪器领域专业优势,依托智能芯片、智能交互与控制、大数据、云计算、机器视觉、机器学习等人工智能技术,打通测试仪器从底层到应用层的各类信息和数据接口,实现多入口对接、构建共享开源的网络化平台,提供与人工智能深度融合的测试仪器服务。未来,预计研究将聚焦智能测试芯片、智能测试软硬件、智能测试系统平台、智能测试机器人、智能测试云、智能测试服务等。

2. 测试系统与人工智能

测试系统以自动化、网络化为依托,传统自动测试具有以下不足:第一,自动测试中的数据智能处理能力依然有限,数据处理效率偏低;第二,自动测试对数据的深度挖掘能力不足;第三,当前自动测试领域与人工智能结合不够紧密,未实现智能测试一体化;第四,当前自动测试无法根据实时的测试结果并结合智能推断的决策更新测试资源配置与流程,也无法针对特定测试采集的数据精准改进测试资源的消耗。测试系统与人工智能的结合点即根据以上几点实现:一是通过人工智能算法与大数据技术结合,构建面向电子测试的智能测试平台架构,实现测试数据的共享化、测试分析的高效化;二是基于不同测试信号的特征提取和预处理技术为专家知识的应用和智能算法的实现提供数据分析和输入,采用相关算法可以针对特定测试数据进行训练和学习,从而使测试系统具备对复杂测试的建模和分析能力;三是在测试系统的中央处理模块中植入人工智能数据处理的相关算法,使得测试系统的数据采集模块可以和数据处理高效通信,智能算法也可以实现实时学习和训练,在测试的同时不断优化诊断模型;四是人工智能可以分析自动测试采集特征的相关性,将分析结果反馈到自动测试前端,用于优化数据采集特征选取、优化测试资源配置与流程,实现测试系统的自学习能力。人工智能指导测试系统优化示例如图1.6所示。

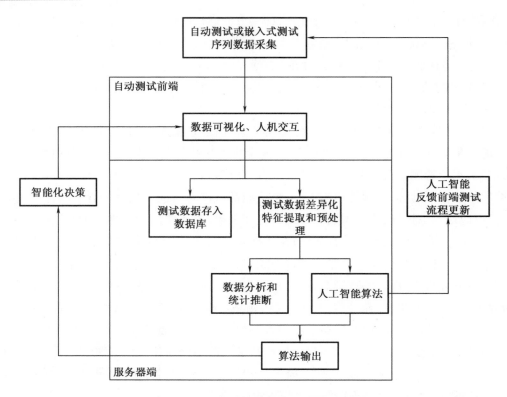

图 1.6 人工智能指导测试系统优化示例

3. 测试生态与人工智能

共用技术的提炼需打通测试仪器从底层到应用层的接口,实现测试人员、测试仪器、测试服务的"三网互联",因此需实现从测试数据智能、测试仪器智能、测试系统智能到测试群体智能的纵向关键共用技术突破。共用技术平台化需要解决两方面问题:一方面是测试模型的通用化、知识的结构化;另一方面是各个测试的通信标准化。测试行业内通过制定相应规范,即可实现专家知识库的搭建,实现共用技术与人工智能的结合。

从行业生态角度,不论是底层仪器设备的设计,还是上层测试系统、测试流程的搭建,都需要人工智能的深入渗透。从技术角度,以云平台为依托,以大数据存储和分析技术为基础,构建全生态内测试仪器产品设计、测试系统设计、算法设计、交互设计等的通用规范。从行业发展角度,通过测试仪器与产品、测试系统、共用技术、人才支撑与人工智能的结合,逐步构建基于人工智能的电子测试新生态,实现以测试仪器为主要客户、以测试仪器硬件软件为基础内容、以测试仪器应用为主要服务、以测试仪器终端为物联网扩展的生态圈。

1.6 人工智能仪器仪表的发展趋势及应用

1.6.1 仪器仪表的发展趋势

第一,仪器仪表在运用了人工智能技术后,逐渐走向微型化,这进一步拓宽了仪器仪表的使用范围。经人工智能技术生产制造的仪器仪表,不仅保留了传统功能,还能够将其运用到更先进的事业领域,如军事领域、航天领域、医疗领域等。

第二,随着科学技术的进步,仪器仪表在发展过程中会逐渐呈现多样化,如仪器仪表性能会逐渐提高,能够实现为产品进行实时检测的目的,并且能够使检测结果具有准确性和科学性。

第三,仪器仪表向人工智能化趋势发展。通过计算机对人工智能进行模拟,仪器仪表实现向人工智能发展。在当前仪器仪表行业市场竞争日益激烈的形势下,其发展也在不断创新和提高,已经能够替代部分人工脑力活动。随着传感技术的拓展和普及,仪器仪表行业也会利用先进技术来完善和创新制造技术。

第四,随着互联网技术的普及,仪器仪表行业也充分利用了网络技术的优势,在智能仪器仪表能够进行网络通信、执行远程操控、维护系统升级等方面有具体体现。在不断创新和发展过程中,智能仪器仪表有着广阔的应用前景。

第五,除向着人工智能趋势发展之外,仪器仪表也向着虚拟化迈进。概括来说,测量仪器具有 3 个功能,分别是对数据进行采集、分析和显示。仪器仪表虚拟显示系统,需要通过PC 软件对数据进行分析和显示,所以需要其他数据采集硬件的支持,与 PC 连接成为测量仪器,这种测量仪器称为虚拟仪器。为虚拟仪器制定不同的软件编程能够实现不同的功能。由此可见,软件编程可以看作虚拟仪器的核心。智能仪器仪表在未来必然会向人工智能方向发展,从而在一定程度上取代人工脑力劳动,在思维方式、视觉效果等方面具有一定的能力。此外,仪器仪表也能够实现自主完成工作,无须人工操作。

1.6.2 人工智能仪器仪表与传统仪器仪表功能对比

1. 操作自动化功能

将人工智能技术运用在仪器仪表中,能够实现键盘扫描、数据采集、数据传输等方面工作的全自动化。与传统仪器仪表相对比,人工智能仪器仪表能仪器够有效节省人工操作的时间,提高工作效率。

2. 自动检测功能

人工智能仪器仪表能够在工作过程中实现自我检测功能,通过对自身的状态进行检验和分析,从而能够对自身进行有效的诊断和调整。人工智能仪器仪表在使用过程中能够自动检测出发生故障的部位,甚至能够掌握形成故障的原因。与传统仪器仪表相比,人工智能仪器仪表能够减少人工对仪器仪表进行维护检修的工作。

3. 数据处理功能

数据处理是人工智能仪器仪表较为重要的优势之一。人工智能仪器仪表利用单片机和微控制器能够轻松解决传统仪器仪表无法解决的问题。例如,传统数字万用表在运行过程中只能对电阻、电压、电流等进行测量,而人工智能数字万用表不仅具有传统数字万用表的功能,还能对测量结果进行科学的数据分析,不仅能够减少用户整理数据的工作,还能使测量结果具有准确性和科学性。

4. 人机对话功能

与传统仪器仪表相比,人工智能仪器仪表在开关方面具有很大的优势。传统仪器仪表通过切换开关进行测量操作,而人工智能仪器仪表用键盘代替了切换开关。技术人员通过键盘输入命令就能够实现人工智能仪器仪表的测量功能。另外,人工智能仪器仪表通过显示屏,能够清晰、直观地将运行状态显示给技术人员,进一步体现了人工智能仪器仪表的便捷性。

5. 控制操作功能

当前,人工智能仪器仪表普遍配有标准通信接口,能够实现与 PC 或其他仪器的连接,从而实现自动测量功能,能够轻松完成内容复杂的测试任务。人工智能仪器仪表在不断向着分辨率越来越高、测试速度越来越快的方向发展。与传统仪器仪表相对比,人工智能仪器仪表在处理、控制、操作、计算等方面有着独特的优势。这也能够说明,人工智能仪器仪表在向信息化的发展中更进一步。

1.6.3 人工智能仪器仪表应用

当前,人工智能仪器仪表在发展中受到了广泛的关注和运用,其因具有灵活、高效、公平、功能齐全等多种特点受到了各行各业的好评。例如,近年来在医疗界影响较大的利用人工智能诊断疾病的研究成果曾发表在《美国化学学会·纳米》上。研究人员利用人工智能技术研究发明了一款能够检测疾病的仪器,只需测试对象对着仪器吹一口气,人工智能仪器就能够通过检测数据分析出该测试对象是否患有疾病。该仪器能够分辨出 17 种疾病的数据,并且具有科学性和准确性。这不仅是人工智能仪器仪表研究发明的进步,也是医疗事业的创新和发展。

在现今的生产生活中,测控技术被应用于各个方面,通过智能化技术的引入能够提升测控技术水平和推动仪器智能化的发展。现阶段的智能化技术在测控技术与仪器上的应用主要有以下几个方面。

1. 医疗方面的测控应用

测控技术在医疗领域有着广泛的应用。在应用过程中,随着智能化技术的引入,其中许多智能化的操控方式开始逐渐代替传统的操控方式。比如医疗测量仪器,以智能化技术引入的非接触式测量逐渐代替了传统的接触式测量。随着信息化技术和传感器技术的发展,许多新的技术也被应用到测量技术之中。再如引入红外测量技术,使得温度测量的准确性更高,并以非接触的形式快速测量目标温度值。这种与智能化技术相结合的新的测量方式,在未来的发展中具有更强的便捷性。

2. 农业方面的测控应用

测控技术在农业发展领域有着重要应用。如在粮食存储过程中,应当保证一定的温度和湿度。在以往的粮食存储过程中,对温度和湿度的控制往往通过人工监控和人为对温度、湿度进行调控,浪费了大量的人力和物力等资源,无法达到理想的效果。对此,可以利用计算机技术下的测控技术,对粮仓的存储温度和湿度进行自动控制,通过将测量舱内温度和湿度的传感器与计算机控制端进行连接,从而达到有效控制。控制过程为当舱内传感器发现温度或湿度高于设定值时,便会将此信号传送到微型计算机,由计算机下达命令,打开鼓风机对粮仓进行通风,使得舱内的温度和湿度保持在正常值,避免粮食发霉。

再如在蚕种催青的过程中,通过对微型计算机和测控技术的有效应用,可以使蚕种催青过程中的温度和湿度维持在正常值。这个控制过程与粮食存储过程中的温度和湿度的控制过程类似。

3. 远程测控应用

对于测控技术的实际应用而言,智能虚拟化技术能够在软件开发过程中起到良好的作用。通过智能虚拟化技术能够在软件开发过程中将开发软件所需要的参数及软件运行的效果智能地展现出来。同时在进行机器人的人机操控的时候,可以应用联合技术将人和机器人联系起来,通过模拟真实的场景使得操作者在操作过程中对周围的操作环境进行有效分析,从而获得更良好的操作体验。由此可见,测控技术的智能虚拟化应用在计算机的控制和软件的开发过程中能够起到良好的支撑作用。

对于工业技术的发展而言,在工业技术的发展过程中,利用远程监控系统能够对操作系统或操控仪器进行智能监控。由此利用测控技术和仪器智能化技术可以对仪器实现有效的远程监控。目前远程监控技术已经得到了广泛的应用,主要有无线通信监控、远程专线监控等多种远程监控模式。远程监控技术的普遍应用对于城市电网的运行、石油运输等有积极、重要的作用。

4. 高铁测控应用

在高铁运行过程中,利用测控技术能够有效地提升列车运行的稳定性和安全性。在高铁运行过程中采用更高级的信号控制系统,使其在高车速和高密度的发车情况下的安全得到保证。测控技术和测控仪器在高铁运行中有着多方面的应用,以站台的测控为例,高铁站台是列车运行过程中必要的配套设施,目前所用的站台为高站台,设计中最为重要的就是铁路建筑实际限界测量。当前测量的主要方法为接触式测量法和非接触式测量法。其中,接触式测量法通过限界测量尺和吊锤进行测量,在实际应用的时候需要多人操作,测量过程中人的操作对数据结果的影响很大。为了改进测量技术和仪器,人们陆续开发出精度更高、操作更简单、效率更高的电子式站台无接触限界测量仪,其具备自动找点、校正和记录的功能。通过引入测控技术能够保证高铁与站台之间留有一定的安全距离,避免出现因间隙过大、列车搭接长度过短而导致旅客滑落站台的意外情况。

近年来,世界经济一体化的进程明显加快,我国在国际竞争中积极参与,并对技术创新的关键作用具有非常充分的认识。新时期,我国应当加大对相关领域智能化技术的研究力度,着眼于国内市场发展状况,有针对性地创新相关技术,从而有利于我国综合实力的提升。

综上所述,随着科学技术的发展,仪器仪表对社会的生产和人们的生活有着越来越重要的作用。因此,为了满足社会的需求,仪器仪表要充分运用人工智能技术提高生产效率和质量水平。当前,我国在智能仪器仪表生产制作领域已经有了显著的突破。与此同时,我国仪器仪表的产量也在发展过程中不断提高,成为与世界接轨的产销大国。但是,我国人工智能仪器仪表的生产水平与发达国家相比还较为落后,需要继续研究和创新,加大人力、物力、财力的投入,提高自主创新能力,为仪器仪表事业的稳定发展奠定基础。

1.7　智能测控仪器的研究课题和内容

测控技术与仪器专业是集精密仪器、电路、电子、光学、自动控制、计算机与信息技术等学科于一体的,综合性和工程性极高的学科。学科特点是与其他学科交叉面大。以人工智能技术为中心的应用技术日新月异,专业领域创新需求不断涌现。开展智能测控仪器的研究有很多的时代因素。改革开放 40 多年来,我国的经济规模和科技实力有了长足的发展,也引发了国际力量格局的重大变化。测控技术与仪器专业由原来多个按行业应用分类的仪器仪表类本科专业合并而成,主要服务于仪器仪表行业,在国防和航天领域起着关键作用。仪器仪表行业不仅包括传统的仪器仪表,还包括各种专用的测控系统,医疗检测设备实际上也是测试仪器设备。尽管有国家高度重视和专业科技工作者的努力,我国仪器仪表行业发展很快,但是从整体上看还与以美国、德国、日本等为代表的国际先进水平有很大差距,主要表现在传感器质量不高、电子测试仪器准确度不高、测控系统配套性不高等方面。我国仪器仪表行业每年的进口额仅次于半导体行业,尖端仪器及成套仪器设备严重依赖进口。我国在专业领域的技术差距很大,因此开展智能化创新活动的研究极其必要且有广阔天地。

测控技术与仪器智能化发展的意义有两个方面:

(1)智能测控技术。测控技术与传统的理论知识有所不同,更适合于实际的工业生产,并且与整个行业的发展紧密相关。工业测控技术的实际应用效果归因于许多复杂因素。根据目前的总体情况来看,我国工业生产中的测控技术的发展仍存在很多问题,应扩大应用市场和加强测控技术开发。在智能技术创新方面,我国可尝试涉足新领域,加快测控技术与仪器向智能化的方向转变。

（2）智能化仪器。在实际应用中，能否将测量和控制技术转换为实际应用工具取决于现代工具和设备。作为数据收集和处理的主要工具，智能化仪器在实际工业生产中起着重要作用。智能测控技术可以适应工业生产的实际需求，具有一定的可扩展性和改进空间，并且可以随着测控技术的发展而不断地应用在工业生产过程中。但是，就目前我国应用实际情况来看，我们可以不断地学习国外的先进技术，不断地完善测控技术，从而保证工业的快速发展。

1.7.1 智能传感器技术

传感器作为测控系统中十分重要的测量设备，对测控工作有较大的影响。在我国社会经济快速发展的时代背景下，多种类型的传感器在测控领域中得到广泛应用，包括集成传感器、网络传感器、数字化传感器及智能传感器等，可在多领域发挥重要的作用。网络传感器可应用于工业生产、城市管理及环境保护等领域。智能传感器可应用于火车监测工作中，实时监测火车的运行状态，从而确保其安全行驶。数字传感器可在环境监测领域使用。微型气体传感器可应用在国防军事及化工生产中。

通过实际调查发现，目前市场当中存在着很多类似于集成化传感器的测控技术与仪器类型。特别是银行，或者需要对温度做好全面掌控的行业，更是对数字化传感器系统比较重视。在以视觉测量为核心的企业，集成化传感器有着比较广泛的应用。不管是企业的生产还是人们的生活，合理应用测控技术与仪器，可提高生产、生活水平。相关技术人员可以测控技术与仪器应用现状为出发点，继续对其进行深入的研究，为后续测控技术与仪器的智能化发展打下坚实的基础。

1.7.2 无线网络化测控技术的基础研究

目前，由于受到地理条件等不利因素的影响，在测控工作的过程中无法深入开展现场测量工作，而远程测控技术的应用可有效解决这些问题，使工作人员摆脱空间的限制，更加方便地开展测量工作。针对传统远程测控技术的使用现状来说，无线网络化测控技术拥有较高的应用价值，不仅可降低事故损失，还可保证工作人员的生命财产安全，提高企业的整体经济效益。针对远程测控技术的实际应用来说，其应与网络技术进行融合，充分发挥技术优势，降低测控工作的难度。此外，还应增强工作人员的创新意识，对现有的远程测控技术进行创新，使其更好地应用到实际的测控工作中，从而达到提高工作质量及工作效率的目的。

远程测控技术整合了计算机及通信等多种技术，在工业生产中发挥了巨大的作用。比如，以互联网为核心的远程专线测控技术能够远程对石油天然气管道运输进行监督，同时实现对电网运行过程的全面监控。远程探测收集到的数据为相关工作人员日后更好地工作提供了重要参考。未来，测控技术与仪器不仅具有一定的智能化特点，而且准确性等也会不断提高。随着技术水平的显著提升,远程测控技术设备让用户能够看到更加清晰的界面,通过与多媒体技术的连接确保其应用质量持续提高。总之,未来远程测控技术将朝着网络化及集成化的方向发展,以无线通信为主的远程测控技术可以在距离较远、布线难度较高及地理环境相对复杂的区域进行监控和管理。

在无线网络化测控技术的发展过程中,相应的测控技术也随之发展,应用模式和基本框架也基本完善。与传统的有线测控仪器不同的是,无线网络化的测控仪器具有更多的形式和更为复杂的特点。在无线网络下,不同的技术体系能够最大限度地结合应用,进而为测控仪器朝着现代化方向发展提供助力。比如,在无线模式下,网络测控仪器可以将计算机技术、测量技术、自动化控制技术融合,并在融合的过程中凸显不同技术的优势,进而在实现资源合理配置的同时,科学地利用不同技术的优势,为提高资源整合效率和网络测控质量提供必要的现实条件。在无线模式下,不同的系统服务体系开始转变,从原有的服务于特定区域转向服务于多个区域。这样不仅使得测控过程的成本得以控制,还在控制的过程中提高了测控仪器的效率,具有非常高的应用价值。与此同时,在无线网络化测控仪器的应用下,传统意义上的测控行业也迎来了新的发展方向,进一步实现了仪器硬件的更新和系统的优化。伴随着时代的发展和计算机技术的大规模应用,无线网络化测控技术的拉动优势和实际优势也越发地明显,逐渐成了现阶段时代发展过程中的关键技术之一。

实现无线网络测控仪器关键技术的方式如下。

1. 虚拟仪器技术

在无线网络技术的应用过程中,对无线网络资源的有效利用是应用技术的前提,对于虚拟仪器技术来说亦然。具体来讲,对以虚拟仪器技术实现无线网络测控仪器关键技术的基本方式的研究可以从以下方面进行:第一,协调网络资源配置和采集业务之间的关系。第二,做好数据的处理工作,为后续处理工作服务,使得处理工作能够与无线网络化技术相契合。第三,结合数据测控的要点,以数据资源的特征为准,实现利用虚拟仪器控制测量程序,以此确保虚拟仪器下的控制程序能够符合资源的需要。这里需要格外注意的是,在网络数据采集的过程中,软件资源的特征是需要进行科学分析、整合的。只有这样,才能确保虚拟仪器能够与测控工作相协调,共同运行。与此同时,后续工作步骤应结合测量工作的开展情况来确立,对测控仪器的基本特征进行综合分析,以此为将虚拟仪器应用到数据细节中提供保障。通过这种方式,能够让虚拟技术与测控过程相结合并共同发展,同时为拓宽虚拟仪器的用途,实现嵌入式网络化测控仪器关键技术提供了准备依据。从现阶段的软件开发过程来看,虚拟仪器维系了前段编码程序,遵循的是技术性处理原则,针对的是驱动处理的特点,具体工作是对测控仪器装置的直观性因素进行研究。

2. 嵌入式系统技术

第一,要根据嵌入式技术的应用需要,结合其基本特征,在分析用户数据和信息数据资源的情况下,对嵌入式的应用展开研究,进而确保后续的系统工作能够符合递进推进的基础要求。通过这种方式,能够为后续阶段的网络资源分析处理工作服务,也能确保网络信息数据有效地应用到嵌入式系统技术之中。

第二,进一步推进技术处理方案,以此保证编程活动能够在操作程序的加持下,有效地应用在系统处理过程中;让所有的嵌入式技术能够符合编程技术的基本标准和理论需求,以此确保嵌入式系统能够在处理分析数据的基础上,对测控信息进行有效的输入和输出。通过这种方式,能够让嵌入式系统技术在处理和分析数据的过程中,确保测控数据输入的准确性和时效性。

第三,要简单化、程序化地发展编程处理技术,优化其处理系统,完善其处理体系。通过这种方式,让后续的检验工作能够在嵌入式技术的基础上,为资源配置和优化工作提供显示依据,进而为后续的资源控制体系的完善和采集程序的协调工作提供前提条件。同时,在这一过程中,掌握技术应对全体的数据信息进行综合性操作,并在分析的过程中,掌握数据信息的基本情况,以此来达到信息的传输完整,能够应用到嵌入式系统中。

第四,相关的操作人员应重视对嵌入式应用特点的分析工作,要根据数据信息的情况确定测控的环节,并将数据信息与测控环节结合,以此确保数据资源能够与标准状态下的处理工作相互协调,共同实施。通过这种方式,让嵌入式技术能够更进一步地契合动态处理的基本模式,为实现嵌入式无线网络化测控仪器的关键技术奠定基础。

3. 数据收发过程中嵌入式无线网络测控技术的实现途径

(1)数据发送

首先,应根据数据发送和传输的基本要求,对所要传输的数据进行总体分析,进而确保传输过程中的数据都能符合资源处理基本机制要求,为数据发送的安全性和时效性服务。其次,对进行完一次分析的数据进行再处理,让所有的数据流程都能够根据数据情况发送传输命令,进而为确保信息数据资源的处理质量提供条件。

(2)数据接收

在数据接收的过程中,接收工作应根据嵌入式技术的接收系统情况,对其对应的应用程序和网络程序进行控制。同时,在控制的过程中,筛选的数据信息要与后续的资源处理需求相同。在此基础上,结合网关地址,优化数据的接收流程,分析相关的接收程序,为应用地址提供意见和参照。通过这种方式,能够确保计算机的程序控制网络资源,为网络资源发送的安全性、高质量及协作性做准备。

从现阶段的发展趋势来看,一些西方发达国家的无线网络化测控技术较为突出。比如美国,在嵌入式无线网络化测控仪器上的投资力度很大,所消耗的资金规模和发展的规模较大,取得的成果和效果也较为突出。纵观国内相同领域的发展和研究现状,我国对无线网络化测控仪器的研究工作还有很长的一段路要走,未来还需要继续建设。当下,我国网络化测控仪器设备相关研究工作仍处在局域网模块化测试平台(LAN extension for instrumentation,LXI)的基础性阶段,并将长期处于这一阶段。这不仅是因为我国缺少最基本的实验数据,还与我国的高精端技术缺失、基本理论短缺有着直接关系。由此可见,国内的嵌入式无线网络化测控仪器的提升空间和发展空间是很大的,还需要继续努力。在测控仪器的实际应用过程中,安全稳定地应用是整个测控系统和测控流程中最为关键的。要明确的是,测控仪器的运行情况不单单关乎其自身的情况和发展特点,更与无线网络化测控技术的应用情况息息相关。只有将测控仪器和无线网络化测控技术进行有效融合,才能提高无线网络测控系统的安全性。

1.7.3 测控仪器智能化研究

1. 重要性及优势

智能化技术在测控技术与仪器中的优势体现在以下几个方面。

（1）提高工作效率

在测控工作中，必须保证各项数据的精确性，才能够进行仪器的制造和自动化控制。而对各项数据的采集和分析工作，往往需要大量的时间完成。而且在数据分析的过程中，需要进行反复的测算，才能够保障各项数据的精确。在测控工作中应用智能化技术，能够降低测控人员的工作量，并且提高测控工作的整体效率，为测控行业的发展奠定良好的基础。

（2）提高工作精度

在测控技术与仪器中应用智能化技术，不仅能够提升工作人员的效率，还可以保障数据测算的精确性。在传统的测控工作中，虽然工作人员对各项数据进行了反复测算，但有时也会出现较大的错误，对后续的工作造成严重影响。而智能化技术的应用，有效地避免了由人为因素导致的测算错误，使各项数据的精确性得到显著提升。智能化技术的应用，使仪器控制精度得到大幅度提升，为我国的经济发展起到良好的推动作用。

（3）保护生态环境

在测控工作中运用智能化技术，能够降低各类设备的使用率，减少资源的消耗，使测控工作的整体成本降低。而且，在测控工作中应用智能化技术，还大幅度降低了对生态环境的影响，使经济效益得到显著的提升，保障社会和谐稳定地发展。

（4）实现自动监测

传统的测控工作的技术水平较低，无法实现自动监测，使我国的测控水平难以得到大幅度的提升。而在测控工作中应用智能化技术，凭借智能化技术的数据计算模式，能够对一定范围内的数据进行自动采集并分析，对设备的运行状态进行实时监测，有效地延长了设备的使用年限。当设备出现故障时，智能化技术凭借自动监测的优势，能够在第一时间发出警告，引起工作人员的注意并对故障进行及时处理，使我国的测控水平得到大幅度提升。

2. 应用主要原则

在测控技术与仪器中应用智能化技术的主要原则如下。

（1）实用性原则

在测控技术与仪器中应用智能化技术应遵守实用性原则。因为智能化技术诞生的最初目的就是提升工作质量和加快工作速度。所以，当智能化技术应用在测控工作中时，应满足工作人员的需求，保障工作能够顺利、迅速地完成，并在提升工作效率的情况下起到实时监测的作用，使设备能够长久、稳定地运行。

（2）经济性原则

尽管智能化技术优势众多，但在测控工作中应用智能化技术时，企业仍应考虑智能化技术的应用成本。通过对智能化技术的特点和成本进行详细的评估，然后结合企业自身的运营情况,才能够使智能化技术在测控工作中发挥更大的作用。由于在测控工作中应用智能化技术需要投入大量的设备和软件,因此在将智能化技术引入测控工作时,需要对这个过程进行预算和评估。

（3）可扩展性原则

将智能化技术应用于测控工作时,需要遵守可扩展性原则。因为随着智能化技术的不断发展,其在未来势必会有更多的功能和作用。通过对设备端口的保留,能够为后续的拓展工作打下良好的基础。可扩展性原则为智能化技术的发展提供了充足的空间,也使未来测控工作的进行更加便利、更加智能。

1.7.4　测控技术与仪器智能化的应用研究

现阶段,社会呈现出良好的发展形势,这在某种程度上为科技的发展奠定了良好的基础,特别是测控技术与仪器的智能化技术取得了较好的成效,部分技术已经日渐成熟,而且在实际生产生活中发挥了极为关键性的作用。将智能化技术应用于社会生产生活成为测控技术及仪器未来发展的总体趋势,下面重点剖析测控技术及仪器的智能化技术的实际应用情况。

1. 智能化技术的应用优势分析

作为一种比较高端的科技类型,智能化技术在我国的很多领域都有所应用。比如当测量仪器的自控系统在工作过程中出现问题时,智能化系统能够对故障进行分析,并且找到发生故障的原因,进而提出优化方案。智能化技术的应用能够最大限度地提升故障解决的效率。除此之外,测控仪器的优化设计同样离不开智能化技术的应用,采用智能化技术完善测控仪器的设计可以保障测控仪器在系统应用中更加安全可靠。

（1）测控技术

由于我国测控技术的发展仍处于基础阶段,与其他发达国家相比有着较大的差距,同时测控技术又直接影响着工业水平及生产力水平,因此如果测控技术得不到发展,市场经济就难以进步,长此以往可能导致我国市场的不平衡,经济发展停滞,因此我国应该大力发展测控技术,在吸收国内外先进经验的基础上,结合我国的实际情况,找到一条能实现测控技术智能化的合理途径。

（2）测控仪器

仪器是采集数据和处理数据的重要工具。仪器技术水平通常代表了某个国家或地区的工业水平。所以我国应该重视仪器的发展,充分利用市场,学习其他发达国家的先进技术,增加创新意识,加强自主研发。除此之外,相关人员还要积极主动地学会用实践检验仪器,只有这样才能知道仪器的优缺点。

2. 测控技术与仪器的智能化技术的具体应用

（1）温度调控

现代科技的发展促使测控技术及仪器的智能化技术在社会的各个领域获得了比较广泛的应用,并且取得了较好的成效。工业与医疗是常用仪器仪表的领域,其中对温度计应用得相对较多。最早使用的温度测量是接触式测量,伴随温度计的不断发展逐渐转变为非接触式测量,测量方法也在不断创新与进步,成为现阶段随时随地测量的模式。除此之外,测量物质也发生了极大的变化,从最初选取的水银,再到现在的石英晶体、热电偶。如今,在温度计中大面积应用的红外线,使温度计在实际使用过程中更具便捷性,而且还最大限度地提升了温度计的可靠性。在软件开发中,智能虚拟化技术获得了相对广泛的应用,由此带来的人机交互技术,能够模拟人在自然界中的声音,或是在自然界中的动作,为计算机软件开发提供了便捷,继而推动了计算机的发展。

（2）粮食储存

在粮食储存方面,测控技术的应用也是非常普遍的。对于粮食储存来说,温度控制是非常重要的因素,也是最关键的部分,假设运用人力实施温度控制,则需要耗费很多的人力与物力,这必将会加大企业仓储成本。此外,还需要注意的是,运用人力实施温度控制的可靠性较低,相较于计算机控制劣势极为突出。对于微型计算机而言,其在实际应用过程中显现出自身的良好性能。计算机控制温度设备主要由采集板、A/D转换器、接口板、通风控制电路等构成。一旦检测出温度超出信号值,计算机会打印检测结果,并且还能自主启动通风机,这样仓库的温度便降低,改善粮食变质的情况,降低粮食发霉的发生率。

（3）蚕种催青

在蚕种催青中,测控技术显现出良好的性能,借助微型计算机操控,具体来说是利用其中的测温探头,从而能够更好地对室内温度进行测量,一旦湿度与温度无法达到预期标准,计算机程序就会依据之前的程序设定采取相应的应对策略。

（4）航天领域

航天事业对数据的精密性要求比较高,测控技术能够很好地满足这一要求。传统的人工测量方式不仅消耗大量的时间与人力,而且这种手工测量方式也不能很好地适应现代化发展的需求。测控技术及仪器的智能化技术能够对航天器实时地跟踪与测定,为航天事业的发展提供精密的数据信息。

（5）远程测控领域

社会主义现代化的工业发展中,远程测控技术的应用越来越广泛。测控技术的内容比较丰富,主要有专线远程测控技术、无线通信测控技术及电话网式远程测控技术等。远程测控技术应用的范围比较广,如用于检测城市电力网络、石油管道的疏通及石油输送等。随着现代化科学技术的发展,测控技术也获得了一定的发展,不仅能够完成上述检测,同时还能精准地检测出水利、燃气及电气在运营过程中存在的一些问题,并且通过诊断及时地找到解决措施,进而推动我国现代化社会的发展。

总而言之,测控技术与仪器的智能化发展是未来的发展趋势,只有不断加强测控技术与仪器的智能化研发及应用,才能使测控技术与仪器在相关领域中的作用得到最大限度的发挥。因此,相关企业及人员应不断学习其他发达国家的智能化技术理念,并将其与我国经济发展特点相结合,不断创新和研发出新的测控技术与仪器,将其应用到各个领域中,使这些测控技术与仪器的智能化程度不断提高,同时完成自主化设计,缩短我国与其他发达国家的差距,不断推动我国经济建设发展。

第 2 章　智能测控仪器的原理

2.1　人工智能的研究内容

人工智能技术可以使机器产生一定的"智能",从而使其可能在现在和未来的很多方面代替人类劳动。在工业领域,机器学习驱动的高级分析、计算机视觉技术、自然语言处理等是普及较早的人工智能应用。在机器学习中,系统利用海量的数据学习并挖掘数据的潜在价值,经过训练(即用机器学习算法来"学习"),以实现能够预测事件和提出对策的目标。计算机视觉是用机器代替人眼来做测量与判断,通过计算机摄取图像来模拟人的视觉功能,实现人眼视觉的延伸。

近年来,包括神经网络、深度学习在内的多项技术的突破令人工智能在多个领域取得了与人类相近甚至超越人类的成果。在计算机视觉领域,人工智能的识别错误率低至3.57%,优于人类水平(5.1%);在语音识别领域,人工智能达到了5.1%的错误率,低于人类(5.9%);在围棋领域,AlphaGo取得了4:1战胜李世石和3:0完胜柯洁的战绩。这些无不证明了人工智能在各个领域的强大功能。

美国麻省理工学院的温斯顿教授认为:"人工智能就是研究如何使计算机去做过去只有人才能做的智能工作。"人工智能是研究人类智能活动的规律,构造具有一定智能的人工系统,研究如何让计算机去完成以往需要人的智力才能胜任的工作,也就是研究如何应用计算机的软硬件来模拟人类某些智能行为的基本理论、方法和技术。

人工智能技术在未来可能会改变人类和机器在社会生产和人类生活中所扮演的角色,让它们在更多方面代替人类的劳动。

世界头号咨询公司埃森哲(Accenture)曾做过一项预测:到2035年,人工智能将会使我国经济增长率提高16%左右,使发达国家的年经济增长率提高1倍,并使各行业的利润增长38%左右。

技术革命带来的是产业革命,人工智能推进产业模式或产业结构向资本密集型、技术密集型升级或转型。哈佛商学院教授波特提出,随着产业升级,资本密集型和技术密集型产业将获得更好的发展空间。杜克大学教授格里菲从微观层面分析产业升级,指出产业升级是企业迈向资本和技术密集型经济领域的过程。一方面,人工智能技术推动企业技术创新,实现数据要素在制造业中更有效率、更大规模的运用,推进制造业的升级;另一方面,虽然人工智能技术的应用提高了企业成本,但从长期看,随着人工智能技术与制造技术融合程度的提高,企业的资本结构得到优化,进而提高了企业生产率和竞争力。另外,人工智能变革有效提高了制造企业的成长性,促进了制造业升级。

人工智能的研究内容非常广泛,从模拟人类智能的角度可分为计算智能、感知智能、认知智能、行为智能、群体智能、类脑智能等,具体包括问题求解、逻辑推理与定理证明、人工神经网络、自然计算、机器学习、自然语言处理、多智能体、决策支持系统、知识图谱、知识发现与数据挖掘、计算机视觉、模式识别、机器人学、人机交互、人机融合、类脑计算等。

1. 计算智能

(1)自然计算

自然计算是人们受自然界生物、物理或其他机制启发而提出的、用于解决各种工程问题的计算方法。其基本思想是通过模拟自然机制使机器产生智能。自然计算的灵感来源是多种多样的,覆盖了从生物学到化学,从宏观世界到微观世界几乎所有的自然系统。自然计算以启发式算法及数值搜索优化方法为代表,可以分成3大类。

①受生物启发的计算,包括进化计算、群体智能优化算法、人工免疫系统等。

②受物理或化学现象及规律启发的计算,包括模拟退火算法、重力优化算法、化学反应优化算法等。

③受社会现象启发的计算,包括文化算法、教与学优化算法、帝国优化算法等。

研究者们一般会针对不同问题设计自然计算的具体算法。

(2)数据挖掘

数据挖掘一般是指通过算法从大量的数据中搜索有用的信息、规则的过程。数据挖掘通常与计算机科学有关,并通过统计、在线分析处理、情报检索、机器学习、专家系统和模式识别等诸多方法来实现对有用信息、规则的挖掘。

从实现人工智能的角度看,数据挖掘是通过各种算法对数据进行分析而实现机器智能的一种方式,因而可以将其看作计算智能。数据挖掘一般会利用以下思想:

①统计学的抽样、估计和假设检验。

②人工智能、模式识别和机器学习的搜索算法、建模技术和学习理论。

③最优化、进化计算、信息论、信号处理、可视化和信息检索。

④数据库系统的存储、索引和查询。

⑤高性能(并行)计算技术。

2. 感知智能

感知智能主要指机器通过各种传感器及技术模拟人的视觉、听觉、触觉等感知能力,从而能够识别语音、图像等。对人类而言,感知能力是一种本能,例如,视觉的形成和人脑对经由眼睛输入大脑的信息的处理等过程都不需要经过大脑的主动思考。人类自然具备感知智能,但是机器则需要通过各种传感器和计算机技术才能获得。借助计算机的强大计算能力,机器通过传感器对外界或环境的感知能力可以远超人类。例如,机器视觉不仅可以感知可见光,还可以感知红外线,这是机器智能的一个突出优势。感知智能主要包括机器视觉、模式识别等内容。

（1）机器视觉

机器视觉是用摄像头、计算机等装置模拟实现人或动物的视觉功能,对客观世界的三维场景进行感知、识别甚至理解。机器视觉需要综合使用数字图像处理、模式识别、机器学习等多种人工智能技术。计算机视觉是机器视觉的一个重要内容,主要是利用计算机技术分析、处理各种图像信息,包括分类、识别等。2010年后,深度学习技术的高速发展使得通过计算机视觉实现的机器感知智能实现新飞跃,并已经在大规模图像、人脸识别等多个任务方面超越了人类的自然视觉感知智能。

（2）模式识别

模式识别是人类的一项基本智能。在日常生活中,人们经常在进行模式识别。模式识别是指对表征事物或现象的各种形式的(如数值的、文字的或逻辑关系的)信息进行处理和分析,以对事物或现象进行描述、辨认、分类和解释的过程,是信息科学和人工智能的重要组成部分。模式识别有着广泛的应用,如字符识别、医疗影像识别、生物特征识别等。

3. 认知智能

认知智能是使机器具有类似人的逻辑推理、理解、学习、语言、决策等高级智能。认知智能具有感知智能所不具备的语言语义理解、自然场景理解、复杂环境适应等能力。认知智能主要研究的内容包括问题求解、逻辑推理与定理证明、知识图谱、决策系统、机器学习、自然语言理解等。

（1）问题求解

问题求解是由早期下棋程序中应用的一些技术发展而来的,主要指知识搜索和问题归约等基本技术,包括盲目搜索、启发式搜索等多种搜索方法。有一种问题求解程序善于处理各种数学公式符号,人们基于这类方法开发了很多数学公式运算软件。截至目前,人工智能程序已经能够对要解决的问题采取合适的方法和步骤进行搜索和解答,在这一方面甚至要比人类做得更好。

（2）逻辑推理与定理证明

早期的逻辑推理与问题和难题求解的关系相当密切,是人工智能研究中最持久的子领域之一。推理包括确定性推理和不确定性推理两大类。定理证明主要包括消解原理及演绎规则等方法。

（3）知识图谱

认知智能的核心在于机器的辨识、思考及主动学习。其中,辨识只能够基于掌握的知识进行识别、判断和感知;思考强调机器能够运用知识进行推理和决策;主动学习突出机器进行知识运用和学习的自动化、自主化。将这3个方面概括起来就是强大的知识库、强大的知识计算能力及计算资源。而知识图谱就是一种理解人类语言的知识库,通过为机器构建人类的知识图谱,可以极大地提升机器的认知智能水平。

（4）决策系统

计算机决策系统是利用计算机面向不同应用领域建立模型并提供策略、方案等的系统。比较典型的计算机棋类博弈问题就是一种决策系统,从20世纪80年代的西洋跳棋开始,到20世纪90年代的国际象棋,再到2016年的围棋等博弈系统,计算机决策系统的能力不断取得飞跃性提升。除了棋类博弈,决策系统还在自动化、量化投资、军事指挥等方面得到了广泛应用。

（5）机器学习

机器学习是人类智能的主要标志和获得知识的基本手段,但人类至今对机器学习的机理尚不清楚。机器学习试图通过对人类学习能力进行模拟,使机器直接对数据及信息进行分析和处理而产生智能。机器学习是使计算机具有认知智能的根本途径,也是目前重要的实现机器智能的方法之一。

机器学习有很多具体技术,这些技术并不都是通过模仿人类的学习能力发展而来的。实际上,机器的学习方式与人类的学习方式有很大的区别。二者之间最主要的区别在于,目前的机器都不具备自主学习、持续学习的能力。机器学习的成功主要得益于深度学习技术与大数据的结合,并且还需要人类对数据进行大量标注和对算法事先进行训练等。机器学习的应用已遍及人工智能的各个分支领域,如专家系统、自动推理、自然语言理解、模式识别、计算机视觉、智能机器人等领域。

（6）自然语言理解

语言是人类区别于其他动物所具有的高级认知智能。从机器翻译开始,人工智能领域发展出了自然语言处理(natural language processing,NLP)这一研究内容。因为处理自然语言的关键是要让计算机"理解"自然语言,所以自然语言处理又叫作自然语言理解(natural language understanding,NLU),俗称"人机对话"。

自然语言处理研究用电子计算机模拟人的语言交际过程,使计算机能理解和运用人类社会的自然语言(如汉语、英语等)实现人机之间的自然语言通信,以代替人的部分脑力劳动,包括查询资料、解答问题、摘录文献、汇编资料及一切有关自然语言信息的加工处理工作。

现阶段,基于自然语言处理技术开发的一些对话问答程序已经能够根据内部数据库回答人们提出的各种问题,并在机器翻译、文本摘要生成等方面取得了很多重要突破,但现有的自然语言处理方法还不具备理解上下文语境和语义的能力,在人类的认知智能方面的表现还不够出色。

4.行为智能

行为主义作为人工智能领域的重要方法,主要实现的是机器的行为智能。机器行为智能的代表作就是各种各样的机器人、机器动物,它们是能够进行编程并在自动控制下完成动作、执行某些操作或作业任务的机械装置。机器人从不同角度可被划分为很多类型,如根据用途划分为工业机器人、农业机器人、军用机器人等;根据活动范围、区域或场景划分为陆地移动机器人、水面无人艇、空中无人机、太空无人飞船等;根据模仿人或动物的外在行为划分为仿人型机器人、机器狗、机器鱼、机器鸟等。除了计算机以外,机器人是实现和体现机器智能的重要载体。同时,机器人也是人工智能的一种实际应用,对于问题求解、搜索规划、知识表示和智能系统等人工智能技术的发展都有很大的促进作用。

现代机器人技术都源于对人的行为、肢体、外观的模拟,其对人类的学习、推理、决策、识别、思维等方面的智能模拟或实现与人类所具有的智能毫无可比性。以机器人为研究对象的机器人学的进一步发展需要更先进的人工智能技术的支持,同时机器人学习为机器智能研究提供了合适的理论支持以及实验与应用场景。

2.2　智能测控仪器的主要智能技术

测控仪器一般是指从大量的数据中通过算法搜索隐藏于其中信息的仪器设备。它通常与计算机科学有关,并通过统计、在线分析处理、情报检索、机器学习、专家系统(依靠过去的经验法则)和模式识别等诸多方法来实现上述目标。它的分析方法包括分类、估计、预测、相关性分组或关联规则、聚类和复杂数据类型挖掘。

大数据、物联网和边缘计算(云计算)是人工智能技术的三大结合领域。经过多年的发展,大数据目前在技术体系上已经趋于成熟,而且机器学习也是比较常见的大数据分析方式。物联网是人工智能的基础,也是未来智能体重要的落地应用场景,所以学习人工智能技术也离不开物联网知识。人工智能领域的研发对于数学基础的要求比较高,具有扎实的数学基础对于掌握人工智能技术很有帮助。

微处理器对国内消费者的影响是显而易见的,其已在洗衣机、汽车燃油控制系统和家用电脑等中得到应用。微处理器的出现对仪器仪表领域同样产生了重要的影响,尽管可能不那么明显。智能仪器包括测量系统的所有常用元件,与非智能测量系统的区别仅在于智能仪器利用微处理器来完成信号处理功能。

微处理器可以较容易地执行信号处理,例如,针对由环境变化(如温度变化)引起的偏差校正仪器输出,以及从非线性的换能器产生线性输出的转换等。

对用户而言,智能仪器就像一个"黑匣子",在正常测量情况下,用户不需要了解其内部操作模式。

与非智能仪器相比,智能仪器具有许多优势,主要是因为通过处理传感器的输出来校正测量过程中固有的误差,从而提高了精度。在使用智能仪器的过程中,必须始终遵循适当的程序,以避免引入额外的测量误差源。

智能可以给测控仪器带来好处的一个例子是体积流量测量,其中流量是通过测量放置在流体输送管中的孔板两端的压差来推断的。流速与孔板两侧压力差的平方根成正比。对于给定的流量,这种关系受到温度和管道中平均压力的影响,并且这两者的变化都会导致测量误差。

一个典型的智能流量测量仪器包含 2 个传感器:第一个传感器测量孔板两侧的压差,第二个传感器测量绝对压力和温度。仪器被编程为根据次级传感器测量的值校正初级差压传感器的输出,使用适当的物理定律量化环境温度和压力变化对流量和压差之间基本关系的影响。仪器通常还被编程为将流量和信号输出之间的平方根关系转换为直接关系,从而使输出更容易解释。这种智能流量测量仪器的典型精度水平为 0.1%,而非智能同类仪器的精度水平为 0.5%,前者比后者提高了 5 倍。

　　除了上面提到的那些,智能仪器通常还提供许多其他益处,具体如下:具有可选时间常数的信号阻尼;可切换范围(使用仪器内的几个主传感器,每个传感器测量不同的范围);可切换输出单位(例如,以英制或国际单位制显示);诊断设施;通过四路 20 mA 信号线,从 1 500 m 外远程调节和控制仪器选项。

2.2.1　机器学习

　　人工智能是对人的意识、思维过程进行模拟的一门新学科。如今,人工智能从虚无缥缈的科学幻想变成了现实。计算机科学家们在人工智能的技术核心——机器学习(machine learning)和深度学习(deep learning)领域上已经取得重大的突破,机器被赋予强大的认知和预测能力。回顾历史,在 1997 年,IBM"深蓝"战胜国际象棋冠军卡斯帕罗夫;在 2011 年,具备机器学习能力的 IBM Waston 参加综艺节目赢得 100 万美金;在 2016 年,利用深度学习训练的 AlphaGo 成功击败人类围棋世界冠军。种种事件表明,机器也可以像人类一样思考,甚至比人类做得更好。

　　目前,人工智能在金融、医疗、制造等行业得到了广泛应用。其中,机器学习是人工智能技术发展的主要方向。

　　1. 机器学习与人工智能、深度学习的关系

　　在介绍机器学习之前,需要先对人工智能、机器学习和深度学习三者之间的关系进行梳理。

　　(1)人工智能

　　人工智能使用与传统计算机系统完全不同的工作模式,可以依据通用的学习策略,读取海量的大数据,并从中发现规律、联系,因此人工智能能够根据新数据进行自动调整,而无须重设程序。

　　(2)机器学习

　　机器学习是人工智能研究的核心技术,指在大数据的支撑下,通过各种算法让机器对数据进行深层次的统计分析以进行自学。利用机器学习,人工智能系统获得了归纳推理和决策能力,深度学习更将这一能力推向了更高的层次。

　　(3)深度学习

　　深度学习是机器学习算法的一种,隶属于人工神经网络体系,现在很多应用领域中性能最佳的机器学习都是基于模仿人类大脑结构的神经网络设计而来的,这些计算机系统能够完全自主地学习、发现并应用规则。相较于其他方法,深度学习在解决更复杂的问题上表现更优异。深度学习是可以帮助机器实现独立思考的一种方式。

　　总而言之,人工智能是社会发展的重要推动力,而机器学习,尤其是深度学习技术就是人工智能发展的核心,三者之间是包含与被包含的关系,如图 2.1 所示。

图 2.1　机器学习与深度学习、人工智能的关系

2. 机器学习:实现人工智能的高效方法

从广义上来说,机器学习是一种能够赋予机器学习的能力,以让它完成直接编程无法完成的功能的方法。但从实践意义上来说,机器学习是通过经验或数据来改进算法的研究,通过算法让机器从大量历史数据中学习规律,得到某种模型并利用此模型预测未来。机器在学习的过程中,处理的数据越多,预测结果就越精准。

机器学习在人工智能的研究中具有十分重要的地位。它是人工智能的核心,是使计算机具有智能的根本途径,其应用遍及人工智能的各个领域。从 20 世纪 50 年代起人们就开始了对机器学习的研究,从最初的基于神经元模型及函数逼近论的方法研究,到以符号演算为基础的规则学习和决策树学习的产生,以及之后的认知心理学中归纳、解释、类比等概念的引入,直至最新的计算学习理论和统计学习的兴起,机器学习一直都在相关学科的实践应用中起着主导作用。机器学习现在已取得了不少成就,并分化出许多研究方向,主要有符号学习、连接学习和统计学习等。

(1)机器学习的结构模型

机器学习的本质就是算法,算法是用于解决问题的一系列指令。程序员开发的用于指导计算机进行新任务的算法就是我们今天看到的先进数字世界的基础。计算机算法根据某些指令和规则,将大量数据组织到信息和服务中。机器学习向计算机发出指令,允许计算机从数据中学习,而不需要程序员做出新的分步指令。

机器学习的基本过程是给学习算法提供训练数据。然后,学习算法基于数据的推论生成一组新的规则。这本质上就是生成一种新的算法,称之为机器学习模型。通过使用不同的训练数据,相同的学习算法可以生成不同的模型。从数据中推理出新的指令是机器学习的核心优势。机器学习还突出了数据的关键作用:用于训练算法的可用数据越多,算法学习到的就越多。事实上,人工智能的许多最新进展并不是由于学习算法的激进创新,而是现在积累了大量的可用数据。

（2）机器学习的工作流程

Step 1：选择数据。

将原始数据分成 3 组：训练数据、验证数据和测试数据。

Step 2：数据建模。

使用训练数据来构建使用相关特征的模型。

Step 3：验证模型。

将验证数据输入已经构建的数据模型。

Step 4：测试模型。

使用测试数据检查被验证的模型的性能表现。

Step 5：使用模型。

使用完全训练好的模型在新数据上做预测。

Step 6：选择数据。

使用更多数据、不同的特征或调整过的参数来提升算法的性能表现。

（3）机器学习发展的关键基石

①海量数据。人工智能的能量来源是稳定的数据流。机器学习只有通过海量数据来训练自己，才能开发新规则来完成日益复杂的任务。目前我们时刻都在产生大量的数据，而数据存储成本的降低，使得这些数据易于被使用。

②超强计算。强大的计算机和通过互联网连接远程处理的能力使可以处理海量数据的机器学习技术成为可能。AlphaGo 能在与李世石的对决中取得历史性的胜利，与其配置了 1 920 个中央处理器（CPU）和 280 个图形处理器（GPU）的超强运算系统密不可分，可见计算能力对于机器学习是至关重要的。

③优秀算法。在机器学习中，学习算法（learning algorithms）创建了规则，允许计算机从数据中学习，从而推论出新的指令（算法模型），这也是机器学习的核心优势。新的机器学习技术，特别是分层神经网络，也被称为深度学习，启发了新的服务，刺激了对人工智能这一领域其他方面的投资和研究。

（4）机器学习的算法分类

机器学习基于学习形式的不同通常可分为 3 类。

①监督学习（supervised learning）。监督学习给学习算法提供标记的数据和所需的输出，对于每一个输入，学习者都被提供了一个回应的目标。监督学习主要被用于快速高效地教会人工智能现有的知识，解决分类和回归的问题。常见的算法有决策树（decision trees）、AdaBoost 算法、人工神经网络（artificial neural network，ANN）算法、SVM（support vector machine）算法等。

②无监督学习（unsupervised learning）。无监督学习给学习算法提供的数据是未标记的，并且要求算法识别输入数据中的模式，主要是建立一个模型，用其试着对输入的数据进行解释并将模型用于下次输入。现实情况中，往往很多数据集都有大量的未标记样本，有标记的样本反而比较少。如果直接弃用，很大程度上会导致模型精度低。对这种情况的解决思路往往是结合有标记的样本，通过估计的方法把未标记样本变为伪的有标记样本，所

以无监督学习比监督学习更难掌握。无监督学习主要用于解决聚类和降维问题，常见的算法有聚类算法、K-means 算法、期望最大化（expectation maximisation，EM）算法、Affinity Propagation 聚类算法、层次聚类算法等。

③强化学习（reinforcement learning）。该算法与动态环境相互作用，把环境的反馈作为输入，通过学习选择能达到其目标的最优动作。强化学习这一方法背后的数学原理与监督学习、非监督学习略有差异。监督学习、非监督学习更多地应用了统计学，而强化学习更多地结合了离散数学、随机过程这些数学方法。强化学习常见的算法有 TD（λ）算法、Q-learning 算法等。

3. 机器学习在商务智能中的应用：自然语言分析

随着机器学习的普及，对话型用户交互接口逐渐成为业界的热门话题。NL2SQL（natural language to SQL）就是这样的一项技术。它将用户的自然语句转为可以执行的 SQL 语句，从而免除业务用户学习 SQL 语言的烦恼，成功将自然语言应用于商务智能（business intelligence，BI）领域。

Smartbi 的自然语言分析就是利用了 NL2SQL 技术，将自然语言通过神经网络转化为计算机可以识别的数据库查询语言。用户通过语音或键盘输入后，"AI 智能小麦"会将输入的自然语言转为语言元模型的形式，通过小麦内置的知识抽取算法，经过深度学习模型将元模型转化为机器可以理解的数据库语言。最后通过 Smartbi 预置的查询引擎和图形引擎，快速准确地找到用户想要的查询结果，自动生成图形输出，也可以在 Smartbi 中对查询结果进行组合和进一步分析。

4. 机器学习在 BI 中的应用：数据挖掘

数据挖掘利用机器学习技术从大量数据中挖掘出有价值的信息。对比传统的数据分析，数据挖掘可揭示数据之间未知的关系，可以做一些预测性的分析，如精准营销、销量预测、流失客户预警等。

虽然数据挖掘学习门槛较高，但是有越来越多的软件工具支持机器学习模型的自动构建，这些模型可以尝试多种算法来找出最成功的算法。一旦通过训练数据找到了能够进行预测的最佳模型，就可以部署它，并对新的数据进行预测。例如，Smartbi 的数据挖掘平台在一个界面上通过可视化的操作实现数据预处理、算法应用、模型训练、评估、部署等全生命周期的管理。同时，内置分类、聚类、关联、回归四个大类数十个算法节点并支持自动推荐，参数也能实现自动调优。

机器学习是人工智能应用的重要研究领域之一。当今，尽管在机器学习领域已经取得重大技术进展，但就目前机器学习的发展现状而言，自主学习能力还十分有限，还不具备类似人那样的学习能力，同时机器学习的发展也面临着巨大的挑战，如泛化能力、速度、可理解性以及数据利用能力等技术性难关必须克服。但可喜的是，在某些复杂的类人神经分析算法的开发领域，计算机专家已经取得了很大进展，人们已经可以开发出许多自主性的算法和模型让机器展现出高效的学习能力。对机器学习的进一步深入研究，势必推动人工智能技术的深化发展与应用。

2.2.2 模式识别与图像分类

感知智能是从机器智能的角度来刻画机器对外界的感知能力的。机器可以通过摄像头、话筒或激光雷达、超声波传感器等其他传感器设备采集物理世界的信号,对人或动物的听觉、触觉、味觉、嗅觉等功能进行模拟,再借助特征识别等技术,将感知到的信号映射成数字信息。将数字信息进一步提升至可认知的层次,如记忆、理解、规划、决策等就成了认知智能。因此,与人类类似,机器的感知智能也是其认知智能的基础。对于人类或多数哺乳动物来说,通过视觉输入的信息占据各种感官信息的80%,其次是来自听觉和触觉的信息。但机器可感知的范围远远超越人类,例如,机器可以感知红外线,可以利用激光雷达感知距离,也可以用毫米波去感知细微的距离或很低的速度。这些都表明机器可感知的物理世界信号或模态比人类更丰富。

如今,机器感知智能技术在机器视觉、指纹识别、目标识别、人脸识别、视网膜识别、虹膜识别、掌纹识别、态势感知、无人驾驶等方面都取得了很大突破。目前,感知智能的应用主要侧重于机器视觉方面,这是因为机器的其他感知能力不像视觉智能一样有着广泛的应用前景。因此,实际的感知智能以图像处理、机器视觉、计算机视觉为主,还包括从指纹识别到人脸识别等不同的生物特征识别技术。

感知智能需要模仿人或动物的多种功能。人和动物认识客观对象的多种信息处理机制被揭示得还远远不够,但人类大脑信息处理的部分机制已经被初步揭示,尤其是大脑皮层的视觉信息处理机制。目前,机器感知智能主要是受到人类视觉的启发而发展的,实际上,机器已经形成了不同于人类的视觉智能。广义的机器视觉与计算机视觉并没有很大的区别,泛指使用计算机和数字图像处理技术实现对客观事物图像的识别与理解。在人工智能领域,数字图像处理技术已经成为机器感知智能特别是机器视觉智能的基础。

1. 数字图像处理技术

图像处理,也称为数字图像处理(digital image processing)或计算机图像处理,是指对图像信号进行分析、加工和处理以将其转换成数字信号,也就是利用计算机对图像信号进行分析的过程。图像处理包括空域法和频域法两种方法。在空域法中,通常把图像看作平面中的一个集合,并用一个二维的函数来表示,集合中的每一个元素都是图像中的一个像素,图像在计算机内部被表示为一个数字矩阵。在频域法中,须先对原始图像进行傅里叶变换,以将图像从空域变换到频域,然后进行滤波等处理。图像的频率是表征图像中灰度变化剧烈程度的指标。

如图2.2所示,如果图像二维矩阵的每一个像素(元素)取值仅有0和1两种,"0"代表黑色,"1"代表白色,那么这样的图像就是二值图像。如图2.3所示,灰度图像二维矩阵元素的取值范围通常为[0,255],"0"表示纯黑色,"255"表示纯白色,中间的数字从小到大表示由黑到白的过渡色。灰度图像也可以用双精度数据类型表示,像素的值域为[0,1],"0"代表黑色,"1"代表白色,0到1之间的小数表示不同的灰度等级,因此二值图像可以看成是灰度图像的一个特例。RGB彩色图像分别用红(R)、绿(G)、蓝(B)三原色的组合来表示每个像素的相对亮度,并通过3个颜色通道的变化及它们相互之间的叠加,来得到各式各样的颜色。在进行图像处理时,很多情况下都需要把彩色图像转换成灰度图像,再进行相关的计算与识别。

图2.2 二值图像

图2.3 灰度图像

2. 灰度级直方图校正

图像中灰度的分布情况是该图像的一个重要特征。灰度级直方图是一种对数字图像中的所有像素,按照灰度值的大小,统计它们的出现频率的图。灰度级直方图校正具有增强图像、调节对比度等作用。

设变量 l 代表图像中像素的灰度级,l 为 $[0,255]$ 中的任一整数。在图像处理过程中,通常要对像素的灰度级进行归一化,得到 $l \in [0,1]$。假定在任意时刻这些灰度级都是连续的,那么就可以用概率密度函数 $p_1(l)$ 来表示原始图像中灰度级的分布,如图2.4所示。

在离散形式下,用 l 代表离散灰度级,$p_1(l)$ 代表灰度级 l 出现的频率。在直角坐标系下画出的 l 与 $p_1(l)$ 的对应关系图如图2.5所示,该图形就叫作灰度级直方图。

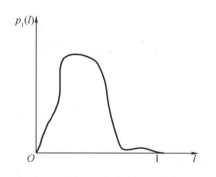
图2.4 图像灰度分布的概率密度曲线

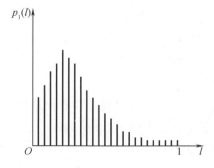
图2.5 灰度级直方图

2.2.3　计算机视觉与机器视觉

1.计算机视觉

计算机视觉(computer vision,CV)是一门研究如何让计算机能够像人类那样"看"的技术。更准确地说,它是利用摄像机等图像传感器或光学传感器代替"人眼",使所构成的计算机视觉系统拥有类似人类对目标进行感知、识别和理解的功能,是对生物视觉的一种模拟。计算机视觉以图像处理、信号处理、概率统计分析、计算几何、神经网络、机器学习和计算机信息处理等技术为基础,借助几何、物理和学习技术来构建模型,用统计的方法处理数据,具有通过二维图像认知三维环境信息的能力。

如图2.6所示,计算机视觉系统中信息的处理过程大致可以分为两个阶段。

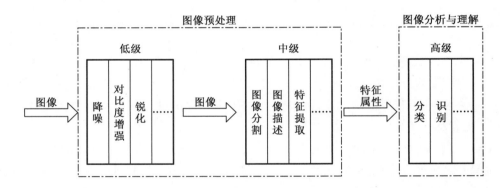

图2.6　计算机视觉系统中信息的处理过程

(1)图像预处理

这一阶段是计算机视觉信息处理的中低级阶段,主要依靠降噪滤波、灰度变换或直方图均衡化、对比度增强、图像锐化、图像分割、图像描述、特征提取等图像处理技术,使输出图像的质量得到改善。图像预处理既可以改善图像的视觉效果,又便于计算机后续对图像进行识别和分类。

(2)图像分析与理解

这一阶段是计算机视觉信息处理的高级阶段,离不开图像的分类和识别技术。图像理解实际属于认知层面,正确的理解(认知)必须有强大的知识库作为支撑,操作的主要对象是符号和数据库。

尽管目前的计算机视觉系统越来越强大,但它们都是面向特定任务的。计算机视觉识别所见内容的能力受人类对系统的训练和编程程度的限制。即使是当今最好的计算机视觉系统,在只看到物体的某些部分之后,也无法创建出物体的全貌,并且在不熟悉的环境中观看物体,会使系统产生错觉。当然,计算机更不会解释照片中的对象隐含的信息。一般的计算机视觉系统不能像人类那样构建内部图像或学习对象的常识性模型,这是因为其并不具备自主学习的能力,而必须通过数千幅图像进行准确的学习(训练)。

为了突破上述局限,来自加州大学洛杉矶分校萨缪利工程学院和斯坦福大学的研究人员展示了一种计算机视觉系统。该系统可以基于人类的视觉学习方法发现并识别它"看到"的现实世界中的物体,如图2.7所示。

要应用该计算机视觉系统必须进行3个主要的操作:首先,该系统将图像分割成小块,研究人员称之为"viewlet";其次,计算机学习如何将这些小块视图组合在一起以形成有问题的对象;最后,它查看周围区域的其他对象,以及这些对象的信息是否与描述和标识的对象相关。研究人员利用描绘了相同类型的对象的大量图像和视频,帮助这个由大脑启发的计算机视觉系统以人类的方式学习。研究人员用大约9 000张图片测试了这个系统,每张图片都展示了人和其他物体,该系统能够在没有外部引导和图像无标记的情况下建立人体的详细模型。

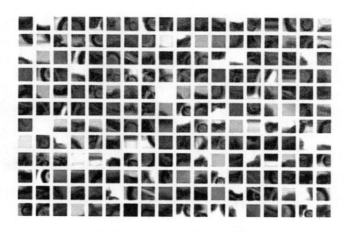

图2.7　一种可以像人类一样学习的计算机视觉系统

研究人员还从认知心理学和神经科学中借鉴了一些成果用以完善这个计算机视觉系统。这一借鉴使计算机视觉系统能够读取和识别视觉图像,这是迈向通用人工智能系统的重要一步——计算机可以自学,可以凭直觉、基于推理做出决策,并以更接近人类的方式与人类互动。

2. 机器视觉

面向应用的计算机视觉系统的设计与实现技术,称为机器视觉。计算机视觉系统与机器视觉系统有着相同的理论基础,没有很清晰的界限,只是在实际应用中有所侧重。相对于计算机视觉,机器视觉更偏重产品生产、自动化等行业和工程应用。例如,在工业生产中,机器视觉可以代替人类视觉自动检测产品的外形特征,实现100%在线全检,这已成为解决各行业制造商大批量、高速、高精度产品检测问题的主要趋势。图2.8所示为机器视觉检测。由于在工业中用机器代替人眼做了测量与判断,因此机器视觉又称为工业机器视觉。

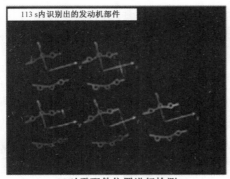
(a)对零配件位置进行检测

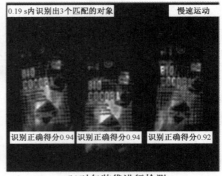
(b)对包装袋进行检测

图 2.8　机器视觉检测

除了工业现场的很多种机器需要视觉,还有一种特殊的机器——机器人也需要视觉。机器人视觉是机器视觉研究的一个重要方向,它的任务是为机器人建立视觉系统,使机器人能更灵活、更自主地适应所处的环境,以满足诸如航天、军事、工业生产中日益增加的需求。图 2.9 所示为带有视觉的机器人正在执行焊接任务。

图 2.9　机器人焊接

工业机器视觉与机器人视觉都是计算机视觉在特定领域或方向的应用,都是在模拟人类感知智能中的视觉信息处理机制。

2.2.4　模式识别与图像分类

模式识别是一种从大量信息和数据出发,在专家经验和已有认识的基础上,利用计算机和数学推理的方法对形状、信号、数字、字符、文字和图形自动完成识别的过程。模式识别包括相互关联的两个阶段,即学习阶段和实现阶段。前者是对样本进行特征选择并寻找分类的规律,后者是根据分类规律对未知样本集进行分类和识别。

广义的模式识别属于计算机科学中智能模拟的研究范畴,内容非常广泛,包括声音识别、图像识别、文字识别、符号识别以及地震信号分析、化学模式识别、生物特征识别等。计算机模式识别实现了人类部分脑力劳动的自动化。对于机器感知智能而言,其主要是利用模拟人类视觉的模式识别对图像、视频等进行分析和分类处理。经过几十年的发展,模式识别已经被广泛应用于各个领域。

1.模式识别方法

模式识别中的技术主要是机器学习中常用的一些算法,如支持向量机、决策树、随机森林等。模式识别方法主要有以下 5 种类型。

（1）统计模式识别

统计模式识别是模式的统计分类方法。结合统计概率论的贝叶斯决策系统进行模式识别的技术，又称为决策理论识别方法。识别时从模式中提取一组特性的度量，构成特征向量，然后采用划分特征空间的方式进行分类。统计模式识别主要是利用贝叶斯决策规则来解决最优分类器问题的。

（2）结构模式识别

对于较复杂的模式，在对其进行描述时需要用到很多数值特征，从而增加了复杂度。结构模式识别通过采用一些比较简单的子模式组成多级结构来描述一个复杂的模式。其基本思路是先将模式分为若干个子模式，再将子模式分解成简单的子模式，又对简单的子模式继续分解，直到满足研究的需要（达到无须继续细分的程度）。因此，结构模式识别就是利用模式与子模式分层结构的树状信息来完成模式识别工作的。

（3）模糊模式识别

模糊模式识别是以模糊理论和模糊集合数学为支撑的一种识别方法。它通过隶属度来描述元素的集合程度，主要用于解决不确定性问题。

在物理世界中，由于噪声、扰动、测量误差等因素的影响，不同模式类的边界并不明确，而这种不明确有着模糊集合的性质，因此在模式识别中可把模式当作模糊集合，利用模糊理论的方法对其进行分类，从而解决问题。

（4）人工神经网络模式识别

人工神经网络侧重于模拟和实现人认知过程中的感知、视觉、形象思维、分布式记忆、自学习、自组织过程，与符号处理形成了互补的关系。人工神经网络具有大规模并行、分布式存储和处理、自组织、自适应、自学习的能力，特别适用于处理需要同时考虑许多因素和条件的不精确和模糊的信息，以及图像、语音等识别对象隐含的模式信息。

（5）集成学习模式识别

集成学习模式识别就是一种利用多分类器融合或多分类器集成实现模式识别的方法。这种方法融合了多个分类器提供的信息，得到的识别和分类结果更加精确。

作为实现机器感知智能的重要手段，模式识别与图像处理相交叉的部分是图像分类。目前，图像分类方法以深度学习为主，在各个图像分类方面都取得了很好的效果。

2. 模式识别过程

一般来说，一个完整的模式识别过程包括学习模块、验证模块和测试模块3个主要部分，模式识别过程如图2.10所示。其中，学习模块主要完成对模型的构建和训练，验证模块主要完成对模型的验证，测试模块主要完成对模型性能的测试。具体实现过程是先构建模型，同时将样本按照一定的比例分成训练集、验证集及测试集；然后采用训练集中的训练样本对模型进行训练，每次训练完成一轮后再在验证集上测试一轮，直至所有样本均训练完成；最后在测试集上再次测试模型的准确率和误差变化。

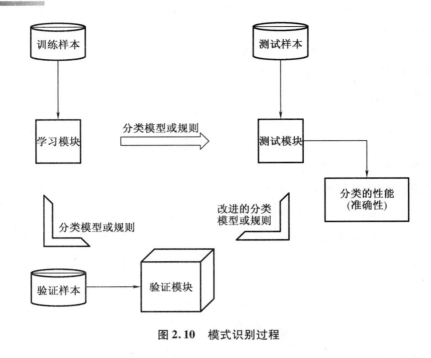

图 2.10 模式识别过程

2.3 基于人工智能的测控仪器

2.3.1 基于感知智能的测控仪器

感知为智能体提供所处环境的信息。人类智能体有多种感知器的形态,如视觉、听觉、触觉。在现代机器人的应用中,还包含一些人类无法直接感知的形态,如电磁波、红外线、无线信号。

虽然看起来感知对人类来说是一种毫不费力的事情,但是在人工智能的开发中,需要大量复杂的计算。例如,视觉就是在操作、导航、事物识别等过程任务中抽取所需的信息。

测控仪器的感知是将传感器的测量结果映射为环境内部表示的过程。由于环境中存在各种复杂的信号及噪声,而且环境测试对象是部分可测、难于预测及动态的,因此机器人对其的感知是困难的。通常,机器人在感知过程中,需要用到滤波器、转移模型、传感器模型来感知可观察环境的信息。

1. 计算机视觉技术

(1)什么是计算机视觉

计算机视觉是一门"教"会计算机如何去"看"世界的学科。计算机视觉与自然语言处理、语音识别(speech recognition)并列为人工智能研究领域的三大热点方向。计算机视觉的理念其实与很多概念有部分重叠,包括人工智能、数字图像处理、机器学习、深度学习、模式识别、概率图模型、科学计算及一系列的数学计算等,如图2.11所示。

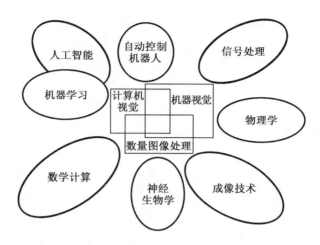

图2.11 计算机视觉囊括范围

(2)计算机视觉技术

计算机视觉在智能制造工业检测中发挥着检测识别和定位分析的重要作用,为提高工业检测的检测速率、准确率及智能自动化程度做出了巨大的贡献。

计算机视觉从由如梯度直方图(histogram of gradient,HOG)、尺度不变特征变换(scale-invariant feature transform,SIFT)等传统的手工设计特征(hand-crafted feature)与浅层模型的组合逐渐转向了以卷积神经网络为代表的深度学习模型。

2. 智能语音识别技术

在现代生活中,人与人的交流都是通过语言进行的。在人类的对话中,人体通过听觉系统进行语音输入,大脑通过对自然语言的翻译理解,将其转化成意识并控制行为。随着人工智能的快速发展,人类语言语音的智能识别被广泛开发并应用在生活中,如手机语音助手、智能语音机器人。世界上也涌现出了一批有知名度的语音智能辨识科技公司,如微软、苹果、谷歌、科大讯飞等。在智能时代中,人机互动正在成为现实。目前,在已开发出的智能产品中,语音智能辨识模块就好比"机器人的听觉系统",能够把人类的语音信号转换成对应的文本或指令。在人机交互中,语音辨识功能也开始成为目前新潮产品与设备的主要亮点。

3. 模式匹配和语言处理

通过语音特征分析后,接下来就是模式匹配和语言处理。

声学模型是识别系统的底层模型,并且是语音识别系统中最关键的一部分。声学模型的目的是提供一种有效的方法以计算语音的特征矢量序列和每个发音模板之间的距离。声学模型的设计和语言发音特点密切相关。声学模型单元(字发音模型、半音节模型或音素模型)的大小对语音训练数据量的大小、系统识别率及灵活性有较大的影响。必须根据不同语言的特点、识别系统词汇量的大小决定识别单元的大小。语音特征分析如图2.12所示。

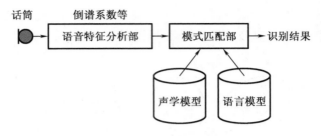

图 2.12　语音特征分析

4.智能气味识别技术

（1）气味识别传感器

物联网、大数据和人工智能促进了传感技术的发展（感官识别如图 2.13 所示）。随着微机电系统（microelectromechanical system，MEMS）技术和传感技术的发展，图像和声音信号已经能够被传感器采集并转换为数字信号。借助算法实现图像识别和语音识别，为智能设备装上了"眼睛"和"耳朵"。如何研究气体传感器，实现气味识别，为智能设备装上"鼻子"呢？

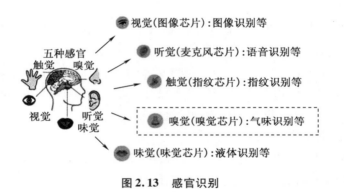

图 2.13　感官识别

2004 年，诺贝尔生理学或医学奖获得者 Richard Axel 和 Linda B. Buck 在研究中发现了气味受体和嗅觉系统的组织，为气味识别奠定了基础。为了实现气味识别，需要一套理论或方法把气味分子转化为电信号。从现有的气体传感器种类来看，半导体式传感器的工作原理与人类对气味识别的方式接近。虽然还难以把某一种气味分子与电信号对应起来，但半导体传感器有望实现某一类气味分子与电信号的关联。气味识别芯片如图 2.14 所示。

微热板芯片采用悬膜式结构，功耗低，可靠性高，可广泛应用于半导体式气体传感器。芯片同时集成微型加热器和叉指电极，微型加热器用于为气体传感器提供合适的工作温度，叉指电极用于检测气敏材料的电阻变化。

纳米半导体材料具有长期稳定性和一致性，为气体检测和气味识别奠定了基础。气味识别技术在智能终端和食品保鲜行业有着十分广泛的应用需求。很多微纳技术团队长期致力于高性能气体检测和气味数字化技术的研究。以智能手机为代表的智能终端在集成了具有视觉、听觉和触觉功能的传感器后，迫切需要增加具有嗅觉功能的传感器，以获取应用场景中的环境信息,提升用户体验,发展新功能。高性能、低功耗、小尺寸、阵列化,是智能终端对该类传感器的技术要求。微纳感知(合肥)技术有限公司基于 MicroHEAT 技术设计并实现了具有悬梁式结构的气体传感器阵列,其单个传感器连续工作时的功耗约 1 mW,预热时间约 1 ms,可在 1.0 mm×1.0 mm 的芯片上集成 16 个气体传感器芯片。无论是提高气体检测的选择性,还是实现人工智能气味识别技术,都需要大量的传感器,微纳感知(合肥)技术有限公司基于 4×4 的半导体气体传感器芯片阵列,初步实现了特定场景下的大类气味识别。

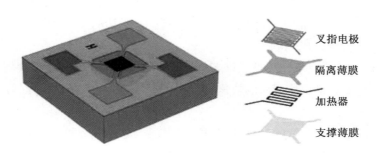

叉指电极
隔离薄膜
加热器
支撑薄膜

图 2.14 气味识别芯片

在食品保鲜方面,以冰箱为例,需要对所保存食物的状态进行实时监测,通过感知食品的特征气体来了解其新鲜程度,并与杀菌、消毒和除味等模块进行联动,实现更好的保鲜。微纳感知(合肥)技术有限公司基于 FreshSense 技术研制的食物新鲜度模组是集温、湿、气于一体的传感模组。模组采用了微纳感知(合肥)技术有限公司自主研发的 MEMS 鲜度传感器,对食物变质散发出来的特征气体具有较高的灵敏度,能够对变质食物和食物变质过程进行感知。不同状态食物释放气体传感器电阻变化雷达图如图 2.15 所示。

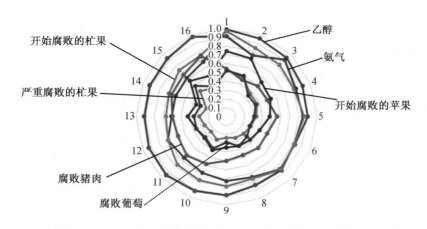

图 2.15 不同状态食物释放气体传感器电阻变化雷达图

(2)人工智能气味识别

除了视觉分析,未来人工智能也将擅长嗅觉分析。据 TNW 报道,谷歌的研究人员正试图开发一种神经网络,帮助人工智能识别分子的气味特征。

谷歌认为,识别气味是一个多标签分类问题,这意味着一种物质可以有多种气味特征。因此,为了识别分子的气味特征,研究人员使用了图形神经网络(GNN),这是一种以图形为输入的深度学习模型。该团队在香水专家的帮助下,制作了气味标签,可以用来识别分子的嗅觉特性。

谷歌研究人员表示,这种模型可以用于预测 RGB 布局中的新气味或未分类气味。未来,该团队希望为数字化气味创造解决方案,甚至可以为没有嗅觉的人提供解决方案。此外,谷歌希望为该研究创建更开放的数据集,以便研究人员能够将它们用于各种气味相关的机器学习模型。人工智能在气味识别方面不断进步,成功的关键是神经形态结构。

(3)智能气味识别的应用场景

气敏元件在医学领域中已经有了许多应用,该方法通过气敏传感器对病人呼气进行丙酮含量检测,实现了对Ⅰ型糖尿病的快速、无痛检测。与传统的血检相比,呼气式检查的诊断更快速。

在智能时代,随着人工智能、物联网等技术的发展,智能气体传感器这一"小锚点"将扮演"大角色"。王镝团队面对智能气体传感器及其应用的"星海",并没有停止开发单一气体传感器,而是瞄准了与智能设备相兼容的高集成阵列嗅觉器件,目前已经取得了阶段性的研究成果。他们希望"通过一个小小的移动电话插件,可以同时识别数十种气体",让环境监测数据尽在掌握,可穿戴设备更加"智能",能更全面、准确地获取健康数据和环境信息,为智慧生活装上灵巧的"电鼻子"。

2.3.2 智能专家系统

1. 专家系统及其发展

(1)专家的特征

格伦·菲尔鲍讨论了这样一个事实,即专家具有一定的特点和技术,这使得他们能够在其研究领域表现出非常高的解决问题的水平。一个关键的特点就是,他们能出色地完成工作。要做到这一点,他们要能够完成如下工作:

①解决问题。这是根本的能力,没有这种能力,专家就不能称为专家。与其他人工智能技术不同,专家系统能够解释其决策过程。想象一下,如果一个医疗专家系统确定你还有 6 个月的生命,你当然想知道这个结论是如何得出的。

②解释结果。专家必须能够以顾问的身份提供服务并解释其理由。因此,他们必须对任务领域有深刻的理解。专家了解基本原则,理解这些原则与现有问题的关系,并能够将这些原则应用到新的问题上。

③学习。人类专家通过不断学习,提高了自己的能力。在人工智能领域,人们希望机器能得到这些专有技能,学习也许是人类专有技能中最难模仿的一种技能。

④重构知识。人可以通过丰富他们的知识来适应新的环境,这是人的一个独特特征。在这个意义上,专家级的人类问题求解者非常灵活并具有适应性。

⑤打破规则。在某些情况下,例外才是规则。真正的人类专家知道其学科中的异常情况。例如,当医生为病人写处方时,他知道什么样的药剂或药物不能与先前的处方药物共同使用(即配伍禁忌)。

⑥了解自己的局限。人类专家知道他们能做什么、不能做什么。他们不接受超出其能力的任务或远离其标准区域的任务。

⑦平稳降级。在面对困难的问题时,人类专家不会精神错乱,也就是说,他们不会"出现故障"。同样,在专家系统中,出现故障也是不可接受的。

(2)专家系统的特征

①解决问题。专家系统要有能力解决其领域中的问题。有时候,它们甚至可以解决人类专家无法解决的问题,或提出人类专家没有考虑过的解决方案。

②学习。虽然学习不是专家系统的主要特征,但是如果需要,人们可以通过改进知识库或推理引擎来教授专家系统。机器学习是人工智能的另一个主题领域。

③重构知识。虽然这种能力可能存在于专家系统中,但是本质上,它要求在知识表示方面做出改变,这对机器来说比较困难。

④打破规则。对于机器而言,使用人类专家的方式,以一种直观、知情的方式打破规则比较困难;相反,机器会将新规则作为特例添加到现有规则中。

⑤了解自己的局限。一般说来,当某个问题超出了其专长的领域时,专家系统和程序也许能够在因特网的帮助下参考其他程序找到解决方案。

⑥平稳降级。专家系统一般会解释在哪里出了问题,试图确定什么内容及已经确定了什么内容,而不是使计算机屏幕保持不动或变成白屏。

⑦推理引擎和知识库的分离。为了避免重复,保持程序的效率是非常重要的。

⑧尽可能使用统一的表示方式。太多的表示方式可能会导致组合"爆炸",并且"模糊了系统的实际操作"。

⑨保持简单的推理引擎。这样可以使程序员更容易确定哪些知识对系统性能至关重要。

⑩利用冗余性。尽可能地将多种相关信息汇集起来,避免知识的不完整和不精确。

尽管专家系统有诸多优点,但也有一些众所周知的不足。例如,虽然它们可能知道水在100 ℃沸腾,但是不知道沸水可以变成蒸汽,蒸汽可以运行涡轮机。

2.专家系统的知识获取

知识获取指从人类专家处获取知识,并将这些知识组织到可用的系统中。这个任务一直被认为是很困难的。实质上这体现了专家对问题的理解,对专家系统的能力至关重要,是构建专家系统面临的最大挑战。

虽然书籍、数据库、报告或记录可以作为知识来源,但是大多数项目最重要的来源之一是领域专业人员或专家。从专家处获取知识的过程称为知识引导。知识引导是一项漫长而艰巨的任务,会涉及许多枯燥的会话。这些会话可以以交换想法的交互式讨论的形式进行,也可以以采访或案例研究的形式进行。在后一种形式中,人们可观察到专家是如何去真正解决一个问题的。无论使用何种形式,人们的目标是探索专家的知识,更好地了解专家解决问题的方法和技能。人们想知道为什么不能通过简单的提问来获取专家的知识。

杜达等人认为,知识的识别和编码是在建立专家系统的过程中遇到的最复杂、最艰巨的任务之一,创建一个复杂、大型的评估系统(在考虑实际使用之前)所需要的努力往往是以人或年为单位的。

在描述专家系统的构建过程时,海耶斯·罗斯等人采用了"瓶颈"一词,即知识获取是构建专家系统的瓶颈。知识工程师的工作就是作为一个中间人帮助建立专家系统。由于知识工程师对领域知识的了解远远少于专家,因此沟通问题阻碍了其将专业知识转移到工作中。

20世纪70年代以来,人们尝试了多种自动化知识获取的技术,如机器学习、数据挖掘和神经网络。事实证明,这些方法在某些情况下很成功。例如,有一个著名的大豆作物诊断案例。在这个案例中,从植物病理学家雅各布森(领域专家)提供的原始描述符集和确定诊断的患病植物的训练集开始,程序合成了诊断规则集。意想不到的发现是,机器合成的规则集超出了雅各布森制定的规则。雅各布森尝试通过部分成功实验改进他的规则,结果机器的规则具有99%的准确性,于是他放弃了自己的努力,决定采用机器合成的规则。

专家系统的知识有如下5种:

①过程性知识——规则、策略、议程和程序。

②陈述性知识——概念、对象和事实。

③元知识——关于其他类型的知识以及如何使用知识的知识。

④启发式知识——经验法则。

⑤结构化知识——规则集、概念关系、对象关系。

不同形式的知识来源可能是专家、终端用户、报告、书籍、法规、在线信息、计划和指南等。虽然收集和解释知识的过程可能只需要几个小时,但是解释、分析和设计一个新的知识模型可能需要很长时间。

人们将浅层知识(可能基于直觉)转化为深层知识(可能隐藏在专家的潜意识中)的过程称为知识编译。知识引导中拓展的技能有助于知识获取。

3. 专家系统的基本结构

专家系统通常由人机交互界面、知识库、推理机、解释器、综合数据库、知识获取6个部分构成(图2.16)。其中尤以知识库与推理机相互分离而别具特色。专家系统的体系结构随专家系统的类型、功能和规模的不同而有所差异。

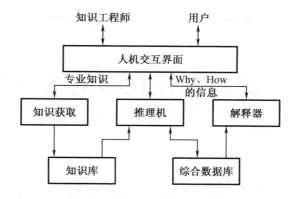

图 2.16 专家系统的基本结构

基于规则的产生式系统是目前实现知识运用的最基本的方法。产生式系统由综合数据库、知识库和推理机 3 个主要部分组成,综合数据库包含求解问题的世界范围内的事实和断言。知识库包含所有用"如果:〈前提〉,于是:〈结果〉"(if – then 规则)形式表达的知识规则。推理机(又称规则解释器)的任务是运用控制策略找到可以应用的规则。

【思考题】

1. 说明智能测控仪器的基本结构。
2. 介绍一下智能测控仪器中使用的主要智能技术。

第3章　智能测控仪器的设计与实现

3.1　智能测控仪器的总体结构设计

3.1.1　智能测控功能分析

　　测控技术与仪器是研究信息的获取和处理,以及对相关要素进行控制的理论与技术;是由电子、光学、精密机械、计算机、信息与控制技术多学科互相渗透而形成的一门高新技术密集型综合学科。测控技术与仪器智能化的不断发展,有效地提升了工作效率与质量,对行业的发展及社会的进步有着积极的作用,因此在实践中必须对测控技术及仪器智能化技术进行系统分析。我国的测控技术还在基础阶段,与一些发达国家相比还有一定的差距。测控技术对经济的发展有着积极的推动作用,因此在实践中必须加强对测控技术的分析,综合实际发展状况探究更为完善的测控技术与手段,在结合国内外先进经验的基础上,探究合理的测控技术发展道路,这样才可以充分凸显测控技术的价值与作用。

　　设计测控仪器要先对它的主要功能进行分析,明确设计任务。在生产过程中,人们可以利用测试技术来及时把握产品在加工过程中和最终的质量及表征生产过程品质的各种参数。如果再利用这些参数来实现对生产过程的调节和控制,可以提高产品的质量,增加经济效益,降低能耗和实现自动化。

　　人类社会进入了信息时代,可进行信息获取、测量、控制、监视与显示的测控仪器,无疑是一种极其重要的信息测量工具,是保证连续化生产设备安全、经济、自动化地运行,为运行人员提供操作依据,为自动调节和控制过程参数乃至整个生产过程提供精确可靠信息的重要装备。

　　测控仪器的功能特点主要有以下几个方面:

　　(1)随着现代电子技术的应用,测控仪器能进行连续测量、记录和实时控制,并能根据测量的结果自行判断、运算与分析;反应速度快,不但适用于传统的静态测量,也能满足飞速发展的动态测量的要求。

　　(2)智能化的引入使现代测控仪器的功能较传统仪器有了极大的提高。仪器利用微处理器的数据处理能力,可以将几个参数不同的测量结果综合起来,从而间接地获得需要知道的测量参数。许多原来用硬件电路难以解决或根本无法解决的问题,利用软件和人工智能信息处理技术可以较好地解决。

（3）有较强的数据处理能力，即运算和判断的能力。对于求平均值、方差、百分误差和进行其他统计分析等，测控仪器可以通过自动校正、非线性补偿、数字滤波等数据处理方式修正或克服由各种传感器、变换器、放大器等引进的误差和干扰，从而大大提高仪器的精度和其他性能指标。

（4）具有很高的自动化水平和自动测量的能力。如自动选择量程，自动调节零点、测试点和触发电平，自动校准，自动诊断故障和自动扫描键盘等，实现了测量过程的自动化，提高了测量的精度、灵敏度和仪器的可靠性。

（5）具有可程控操作能力和人机对话的能力。现代测控仪器面板通常采用键盘操作和字符显示，具备 GPIB 接口，配有 IEC – 625 和 RS – 232 等通用接口总线，能很方便地通过接口组成多功能自动测试系统，进行多点扫描检测。

（6）由于采用了微处理器，越来越多的硬件被软件代替，质量、体积和功耗减小，结构简化，成本降低，仪器的可靠性和可维修性得以提高。

（7）具有存储大量测量信息、标准量值、各种历史数据及备用参数的功能。

（8）各种控制算法在测控仪器中得到了广泛应用，仪器性能得到很好的完善和提高。

3.1.2　设计步骤

测控仪器的设计一般按以下步骤进行。

1. 确定设计任务

根据用户的要求、国内外市场需求或国家发展需要确定设计任务。

2. 制定设计任务书

确定设计任务后，先仔细分析研究设计任务需求，认真研究被测对象特点、被测参数定义、精度要求、测量范围、检测效率、使用条件、经济性等。设计任务分析是完成设计工作的首要条件，逐一分析后，才能制定详细的设计任务书。

3. 调查研究

在基本掌握设计任务情况后，应该对国内外同类产品的技术资料、用户需求和市场状况进行分析，掌握国内外同类产品的研究现状和存在的问题。

4. 总体方案设计

在明确设计任务和深入调查之后，就可进行总体方案的构思和设计了。总体方案设计是非常重要的一步，是对测控仪器的全局性问题进行全面设想和规划。总体方案要求具有先进性、创新性、合理性和可行性。总体设计可以用现代的虚拟设计、仿真设计或经典设计法等进行方案比对。在方案设计时要先分析仪器需实现的功能，确定原理方案，对仪器包含的机、光、电各部分进行数学建模，然后确定系统的主要参数，进行精度设计和总体结构设计及技术经济的评价，最后绘制总体装配图和进行外观造型设计。在总体设计时，应针对上述问题提出若干个方案，并进行分析比较。总体设计后，最好邀请各方面专家，组织一次方案评审会，集思广益，保证质量。总体设计是测控仪器设计的关键，在分析时要画出示意草图，画出关键部件的结构草图，进行初步误差试算和误差分配、方案论证和必要的模拟试验,以考察所拟方案是否可行,确定最佳方案之后才可进行下一步具体技术设计。

5. 具体技术设计

根据总体设计中的模块划分和相应的功能、指标要求,设计调试测控仪器各个组成模块,具体如下:

①总体结构设计;

②硬件设计;

③软件设计;

④精度计算;

⑤技术、经济、可靠性评价;

⑥编写包括分析和计算的设计说明书,这一步应该包括机、电、光各部分结构设计。

6. 制造样机、产品鉴定或验收

制造样机,通过系统调试和现场调试进行产品试验,并进行样机整体功能指标调试,发现问题后要及时修改,完善设计。

7. 批量投产

设计定型后进行小批量生产,考核工艺和对产品试销,以确定下一步生产策略。

3.1.3 总体结构

测量仪器是间接或直接地测量各种自然量的(仪表)设备。流量/热量积算控制仪等针对现场温度、压力、流量等各种信号进行采集、显示、控制、远传、通信、打印等处理,构成数字采集系统及控制系统。流量积算控制仪适用于对液体、一般气体、过热蒸汽、饱和蒸汽等的流量积算测量控制;热量积算控制仪适用于水暖等供热系统及热交换系统,对传热、传质实现在线计量,从而为企业能源管理、能源消耗计量、技术经济提供依据。

测量仪器根据用途可分为温度计、压力计、流量计、液面计、气体分析器等。常用的有比较仪表、指示仪表、记录仪表、积算仪表和调节仪表。常规检测仪表结构如图 3.1 所示。

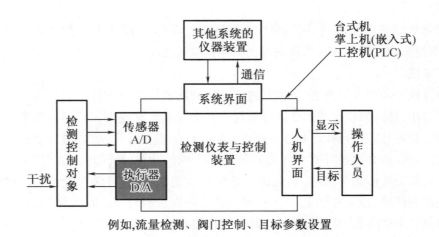

图 3.1 常规检测仪表结构

这里重点介绍云计算中的智能测控仪器结构。以其他云为基础诞生的人工智能云可以算是人类追求的终极目标，它具备浩如烟海的知识，具备人的智慧、情感和超强的运算速度，能学习、推理和与人类进行语言互动，还会做科学研究。

人工智能云的触角深入人类生活的方方面面（如果把各种传感终端当作触角），改变并影响每个人的日常生活、学习和工作习惯。它能够监测每个人的身心健康、饮食习惯，并能做出疾病预测。

人工智能云是全球性的公有云，每个国家都在为它贡献自己的力量，不断完善其算法，充实其知识，规范其行为。在人工智能云的笼罩下，地球真正变成了一个村子，人们交流无障碍。

其他云成了人工智能云的数据来源，人工智能云成了人们唯一的交互云平台。比如，我们再也不用去购物云上购物了，因为人工智能云已经自动为我们购买了需要的东西；我们也不用关心出行云了，因为人工智能云已经为我们准备好了一切，包括行程安排、酒店预订、饮食等。

自动驾驶的交通工具就是一台云终端设备，即人工智能云的触角。人工智能云能陪我们聊天、下棋，也能教小朋友知识，它成了各种机器人的超级大脑。家庭机器人就是人工智能云的云终端，机器人本身只是执行部件并做一些常规的判断，复杂的推理交给云完成。

计算能力超强的智能云能瞬间做出判断并给机器人反馈结果，因而这样的机器人表现得极其聪明，反应敏捷。但是如果不好好控制这样的机器人，也可能给人类带来威胁。

当然目前研究人员还在这方面进行不断的探索，其背后需要提供强大的计算能力及高性能的计算云，即把云端成千上万台服务器联合起来，组成高性能计算集群，承载中型、大型、特大型计算任务。比如：科学计算，解决科学研究和工程技术中所遇到的大规模数学计算问题，可广泛应用于数学、物理、天文、气象、化学、材料、生物、流体力学等学科领域。建模与仿真，包括自然界的生物建模和仿真、社会群体建模和仿真、进化建模和仿真等。工程模拟，包括核爆炸模拟、风洞模拟、碰撞模拟等。图形渲染，应用领域有 3D 游戏、电影电视特效、动画制作、建筑设计、室内装潢等可视化设计。

目前，常规的云智能网络化测控仪器的结构如图 3.2 所示。

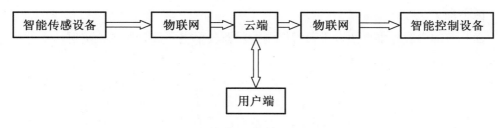

图 3.2　云智能网络化测控仪器结构

云智能终端主要实现的智能服务如下。

1. 数据库智能管家

云数据库智能管家（DBbrain）是一款可为用户提供数据库性能、安全、管理等功能的数据库自治平台。它可以利用机器学习、大数据手段快速复制资深数据库管理员的成熟经验,将大量数据库问题的诊断优化工作自动化,服务云上和云下企业;还可以提供免安装、免运维、即开即用、多种数据库类型与多种环境统一的 Web 数据库管理终端。

2. 云视频 AI 智能编辑

云视频 AI 智能编辑提供无须人工,即可快速生成智能集锦(类型包括王者荣耀、英雄联盟、足球、篮球、花样滑冰等集锦)的服务,并且支持新闻拆条、广告拆条、人脸拆条服务,同时可生成视频的分类标签、视频标签,辅助视频推荐,AI 识别片头、片尾,大大提升了短视频内容制作的便捷性,帮助短视频生产者和智能融媒体编辑及记者提升工作效率。

3. 物联网智能视频

物联网智能视频服务包括查询终端用户绑定的设备列表,终端用户解绑设备,终端用户接入授权,终端用户临时访问设备授权,终端用户绑定设备,发布定义的物模型,终端用户注册,配置产品转发消息队列,编辑产品信息,获取产品列表,获取单个产品详细信息概览,更新历史,修改设备物模型属性,删除终端用户,购买云存套餐,查询终端用户的注册状态,接入及消息传输等。

4. 智能预问诊

智能预问诊是患者就诊前的智能预问诊产品,基于医疗 AI、自然语言处理技术、医学知识图谱等核心技术,智能理解患者主诉,模拟医生真实问诊思路进行智能追问;可自动生成电子病历,帮助医生提前了解患者病情,提高问诊效率。

5. 智能票财税

智能票财税服务包括客户管理、企业信息维护、智能审核规则设置、企业总览、微信卡包导入、拍照识别、邮箱收票、微信文件收票、自动收票、链接收票、创建企业、创建部门、邀请成员、角色管理、企业信息维护、智能审核规则设置、费用项目设置、审批流配置与管理、供应商管理、事前申请(出差)、事前申请(招待)、日常差旅报销、付款申请、借款申请、报销单审核、报销单导出/打印、发票批量下载、费用报表导出、支付管理、报销发票管理、企业报表等。

6. 智能识图

智能识图为用户提供微信同款、全品类、高精度、低门槛的商品识别服务。智能识图由腾讯云与微信联合打造,利用人工智能算法,可以快速、准确地识别图片中的主体物品,并输出主体坐标。

后面几节的内容分别介绍云平台智能测控仪器各个主要部分的设计实现。

3.2　测控仪器的联网设计

3.2.1　网络化智能仪器的体系结构及设计方案

智能仪器是计算机技术与测试技术相结合的产物,仪器内部带有处理能力很强的智能软件。仪器仪表已不再是简单的硬件实体,而是硬件、软件相结合。近年来,智能仪器已开始从较为成熟的数据处理向知识处理发展,功能也向更高层次发展。

1. 智能仪器的发展

20 世纪 90 年代以来,仪器仪表的智能化突出表现在以下 5 个方面。

(1) 微型化

微电子技术、微机械技术、信息技术等的综合应用使得仪器成为体积小、功能齐全的智能仪器,能够完成信号的采集、处理,控制信号的输出和放大、与其他仪器的接口等功能,在自动化技术、航天、军事、生物技术、医疗领域有着独特的作用。

(2) 多功能化

多功能本身就是智能仪器的一个特点,例如,具有脉冲发生器、频率合成器和任意波形发生器等功能的函数发生器,不但在性能上(如准确度)比专用脉冲发生器和频率合成器强,而且在各种测试功能上也提供了较好的方案。

(3) 智能化

现代检测与控制系统或多或少地趋向于智能化。智能仪器的进一步发展将含有一定的人工智能,这样就可无须人为干预而自主地完成检测或实现控制功能。

(4) 仪器虚拟化

在虚拟现实系统中,数据分析和显示用 PC 软件来完成,只要额外提供一定的数据采集硬件,就可以与 PC 组成测量仪器。这种基于 PC 的测量仪器称为虚拟仪器(virtual instrument,VI)。"软件就是仪器",作为虚拟仪器核心的软件系统具有通用性、通俗性、可视性、可扩展性和升级性,代表着当今仪器发展的新方向。

(5) 仪器仪表系统的网络化

一般的智能仪器都具有双向通信功能,但这种双向通信功能与真正意义上的网络通信之间还有一定距离。随着网络技术的飞速发展,Internet 技术可使仪器仪表在实现智能化的基础上同时实现网络化,使现场测控参量就近登临网络,并具备必要的信息处理功能。

2. 网络化仪器的功能需求和技术支持

(1) 支持远程测控需求

网络化仪器,如现场总线智能仪表,是适合在远程测控中使用的仪器,是仪器测控技术、现代计算机技术、网络通信技术与微电子技术深度融合的结果。网络化仪器既可以像普通仪器那样按设定程序对相关物理量进行自动测量、控制、存储和显示测量结果及控制状态,同时具有重要的网络应用特征,经授权的仪器使用者通过 Internet 可以远程对仪器进行功能操作、获取测量结果并对仪器实时监控、设置参数和故障诊断,控制其在 Internet 上动态发布信息。它们与计算机一样,成了网络中的独立节点,能够很方便地与就近的网络通信线缆直接连接,实现"即插即用",直接将现场测试数据传送上网;用户通过浏览器或符合规范的应用程序即可实时浏览到这些信息(包括处理后的数据、仪器仪表的面板图像等)。

(2)网络化仪器的特点

基于 Internet 的测控仪器中的前端模块不仅能完成信号的采集和控制,还能兼顾对信号的分析与传输,因为它以一个功能强大的微处理器和一个嵌入式操作系统为支撑。在这个测控系统中,使用者可以很方便地实现各种测量功能模块的添加、删除及不同网络传输方式的选择。第一,基于 Internet 的测控系统最显著的特点是信号传输的方式发生了改变。基于 Internet 的测控系统对测量、控制信号等的传输是建立在公共的 Internet 上的。有了前端嵌入式模块,系统的测量数据安全有效地传输便成为可能。第二,基于 Internet 的测控系统对所测结果的表达和输出也有了较大改进。一方面,不管身在何处,使用者都可通过客户机方便地浏览各种实时数据,了解设备现在的工作情况;另一方面,客户端的控制中心所拥有的智能化软件和数据库系统都可被调用来对所得结果进行分析,以及为使用者下达控制指令或做决策提供帮助。

(3)接入 Internet 或以太网的方法

网络化仪器的设计方法,是把嵌入式系统嵌入仪器仪表,让其成为测量和控制的核心。通常,嵌入式仪器接入 Internet 或以太网成为网络仪器有 3 种方法:

①由 32 位高档多点控制器(multipoint control unit,MCU)构成嵌入式仪器,因为有足够的资源可扩充利用,可以将整个 TCP/IP 协议族做到系统里去,因而可以成为直接接入 Internet 的网络仪器,但开发难度大。

②对于由低档 8 位机组成的嵌入式仪器,采用专用网络(如 RS － 232、RS － 485、Profibus 等)将若干嵌入式仪器与 PC 相连,把 PC 作为网关,由 PC 把该网络上的信息转换为 TCP/IP 协议数据包并发送到 Internet 上实现信息共享,但必须专门配一台 PC 进行协议转换。

③由 8 位单片机组成直接接入 Internet 的嵌入式网络化仪器。这种方案好处是可以利用以前的基于 8 位单片机的测量设备,通过外加网络芯片,直接驱动网络接口芯片,但占用资源[只读存储器(read-only memory,ROM),随机存储器(random access memory,RAM),中央处理器(central processing unit,CPU)]较多,要求单片机具有足够快的运行速度。

(4)支持网络的接口芯片

网络接口芯片具有优良的性能、低廉的价格,是用来进行以太网通信的理想芯片。

3. 网络化仪器的体系结构及实现

(1)抽象模型

网络化仪器是电工电子、计算机硬件和软件,以及网络、通信等多方面技术的有机组合体,结构比较复杂,多采用体系结构来表示其总体框架和系统特点。网络化仪器的体系结构包括基本网络系统硬件、应用软件和各种协议。网络化仪器的体系结构是一个简单模型,该模型将网络化仪器划分成若干逻辑层,可更本质地反映网络化仪器具有的信息采集、存储、传输和分析处理的原理特征。

一是硬件层,主要指远端传感器信号采集单元,包括微处理器系统、信号采集系统、硬件协议转换和数据流传输控制系统。硬件层功能的实现得益于嵌入式系统的技术进步和近年来大规模集成电路技术的发展,硬件协议转换和数据流传输控制依靠 FPGA/CPLD 实现。

二是嵌入式操作系统内核。该层的主要功能是提供一个控制信号采集和数据流传输的平台。该平台的前端模块单元的主要资源有处理器、存储器、信号采集单元和信息;主要功能是合理分配、控制处理器,控制信号的采集单元以使其正常工作,并保证数据流的有效传输。该逻辑层主要由链路层、网络层、传输层和接口等组成。根据应用的不同,本层的具体实现方式可能不同,并可在一定程度上简化。

(2)外围硬件设计方案

Internet 或以太网通信的硬件设计方案有 2 个。

①以专用 CPU 作为控制器,使用 C 语言编程实现 TCP/IP 通信。优点是专用 CPU 的处理能力较强,便于实现测试仪器的其他功能;缺点是成本略高,硬件略复杂。

②使用 51 系列单片机作为控制器的 CPU,不采用嵌入式操作系统,直接使用 C51 编程,实现数据链路层协议和 TCP/IP 协议。优点是硬件比较简单,价格低;缺点是软件工作量大,难度也大。网络化仪器的基本结构是以单片机为核心,采用以太网接口芯片作为网络仪器接口。

4.协议和设计

系统进行初始化操作,主要是对网络接口芯片进行配置。配置完后,系统处于等待状态,直到客户方有数据发送过来。数据的接收是通过网络接口芯片实现的,它能够对网络上的物理帧进行处理。

3.2.2 基于物联网的测控仪器

近年来,物联网(internet of things,IoT)逐渐走进人们的生活。物联网能够将特定空间环境中的所有物体连接起来,进行拟人化信息感知和协同交互,而且具备自我学习、处理、决策和控制的行为能力,可完成智能化生产和服务。当前,物联网正在推动人类社会从信息化向智能化转变,促进信息科技与产业发生巨大变化。不久的将来,物联网会有力地改变人们的生活与工作的环境,把人们带进智能化世界。

2005 年,在信息社会世界峰会上,国际电信联盟正式提出了"物联网"概念,指出无所不在的"物联网"通信时代即将来临,世界上所有的物体,从轮胎到牙刷、从房屋到纸巾都可以通过因特网主动进行信息交换。

物联网的技术思想是"按需求连接万物"。具体而言,就是通过各种网络技术及射频识别(通过无线电进行数据交换以达到信息识别)、红外感应器、全球定位系统、激光扫描器等信息传感设备,按照约定协议将包括人、机、物在内的所有能够被独立标识的物端(包括所有实体和虚拟的物理对象及终端设备)无处不在地按需求连接起来,进行信息传输和协同交互,以实现对物端的智能化信息感知、识别、定位、跟踪、监控和管理,构建所有物端之间具有类人化知识学习、分析处理、自动决策和行为控制能力的智能化服务环境。

信息社会正在从互联网时代向物联网时代发展。如果说互联网是把人作为连接和服务对象,那么物联网就是将信息网络连接和服务的对象从人扩展到物,以实现"万物互联"。二者在需求满足上也有所区别:互联网时代,信息网络的任务是满足公共信息传输需求;物联网时代,信息网络的任务是满足特定智能服务需求。二者相互支撑,不可或缺。

物联网环境下,智能服务系统将成为未来社会中重要的基础设施。智能服务系统作为物联网科技创新的关键,将真实环境物理空间与虚拟环境信息空间进行映射协同,实现通信、计算和控制的融合。智能服务系统使物与物、人与物之间能够以新的方式进行主动的协同交互,从而钩织一张物理世界内生互联的智能协同网络。

3.3　智能功能设计

3.3.1　智能传感技术

物联网已成为信息科技发展趋势,各种智能设备将作为传感器的载体,实现人、机、云端的无缝交互,让智能设备与人工智能结合,从而拥有"智慧",使人体感知能力得到拓展和延伸。

目前我国从事传感器的研制、生产和应用的企业超过 1 700 家,产品门类基本齐全,传感器产品达到 10 大类 42 小类 6 000 多个品种,无论是在健康医疗、城市规划方面,还是在城市交通方面,传感器正在发挥着核心作用。

国家工业和信息化部曾下发意见函,拟将中国工程院组织遴选的 MEMS 传感器产业化等 16 个项目作为《中国制造 2025》2017 年重大标志性项目。更多的设备通过传感器焕发了新的生命力,提升了效率,那么下一代的工程师、创新者和艺术家的使命是发掘由数据构成的世界所给予的几乎无限的机会。

1. 智能传感器的概念

智能传感器的概念最早由美国国家航空航天局(National Aeronautics and Space Administration,NASA)在研发宇宙飞船的过程中提出来,并于 1979 年形成产品。电气与电子工程师协会(IEEE 协会)将能提供受控量或待感知量大小且能典型简化其应用于网络环境的集成的传感器称为智能传感器。《现代新型传感器原理与应用》一书中认为智能传感器是带微处理机的,兼有信息检测、信息记忆及逻辑思维与判断功能的传感器。

智能传感器是正在高速发展的高新技术,至今还未形成统一的规范化的定义,人们普遍认为智能传感器是具有对外界环境等信息进行自动收集、数据处理及自诊断与自适应能力的传感器。

2. 智能传感器的功能

（1）自补偿与自诊断功能

通过微处理器中的诊断算法能够检验传感器的输出，并能够直接呈现诊断信息，使传感器具有自诊断的功能。

（2）信息存储与记忆功能

利用自带空间对历史数据和各种必需的参数等数据进行存储，极大地提升了控制器的性能。

（3）自学习与自适应功能

通过内嵌的、具有高级编程功能的微处理器可以实现自学习功能。同时在工作过程中，智能传感器还能根据一定的行为准则重构结构和参数，具有自适应的功能。

（4）数字输出功能

智能传感器内部集成了模数转换电路，能够直接输出数字信号，缓解了控制器的信号处理压力。

3.3.2　智能测量

1. 自动量程转换

使用测量仪器前，要注意观察它的量程和单位，测量结果是由数值和单位组成的。所有的测量仪器都有一个极限测量范围，这个极限测量范围就是该测量仪器的量程。对于绝大多数测量仪器，量程越大，测量产生的绝对误差也就越大（利用弹簧形变与外力关系制成的仪器仪表除外），所以要尽量采用小量程测量仪器得到的测量数据。有的测量仪器可以设置不同的量程（比如万用表的电压、电流、电阻挡），在测量时可以选择不同的量程，从一个量程变换成另一个量程就叫量程变换。

包括数字万用表在内，许多测量仪器都具有自动转换量程功能。自动转换量程时，需要先对被测信号进行判断，判断其是否超量程或欠量程，然后选择更高的量程、更低的量程或保留当前量程。对一般测量仪器，包括横河 WT 3000 功率分析仪，其判断量程的依据是信号的有效值，也就是说，至少需要对一个周波的信号进行判断，这样，当判断出需要切换至更高量程时，很有可能信号已经超量程了，已经被"削波"了。此外，切换量程时，大部分测量仪器都是采用机械继电器进行切换的，切换过程中，被测信号会中断，WT 3000 大约中断 1 s。上述两个原因都会造成在转换量程时信号信息的短暂丢失。对于一些动态试验，这种量程转换是不允许的。AnyWay 变频功率传感器的无缝转换量程则不同，其量程切换是依据被测信号的瞬时值、上升速率、信号周期、采样率等进行综合判断的，确保在信号下一采样点可能超量程的时候，就将量程切换到更高量程。并且，AnyWay 变频功率传感器的量程转换采用电子开关，转换时间小于采样周期，可以保证在量程转换过程中信号不被"削波"、不间断。AnyWay 变频功率传感器的无缝量程转换技术，使其非常适用于各种短时间内幅值变换范围较大的动态试验。

2. 自动误差补偿功能

误差补偿就是人为地造出一种新的误差去抵消当前成为问题的原始误差,并应尽量使两者大小相等、方向相反,从而达到减少加工误差、提高加工精度的目的。

误差补偿是仪器设计的重要内容,通过误差补偿措施,可以降低对仪器各部分的工艺技术要求或提高仪器的总精度水平。同时,误差补偿也是机械加工的重要内容,如应用在数控机床中能够改善机床的加工精度。

误差补偿技术是贯穿于每一设计细节的关键技术之一。对仪器仪表进行误差补偿主要是从两方面来考虑的。

(1)待测对象随环境因素的变化而变化。在不同的测量条件下,待测量会有较大变化,因而影响测量结果。

(2)仪器自身的结构或元件也会随环境条件的变化而略有变形或表现出不同品质。

一般而言,对于第一种情况可采用相对测量方法或建立恒定测量条件的方法予以解决,而对于第二种情况应在设计阶段就仔细考虑仪器各组成零件随温度变化的情况,进行反复选材,斟酌每一个细小结构。

3. 智能误差校准与标定

标定的主要作用如下。

①确定仪器或测量系统的输入－输出关系,赋予仪器或测量系统分度值;

②确定仪器或测量系统的静态特性指标;

③消除系统误差,改善仪器或系统的正确度。

在科学测量中,标定是一个不容忽视的重要步骤。必须依靠专用的标准设备来确定传感器的输入－输出转换关系,这个过程就称为标定。简单地说,利用标准器具对传感器进行标度的过程称为标定。具体到压电式压力传感器来说,用专用的标定设备,如活塞式压力计,产生一个大小已知的标准力并作用在传感器上,传感器将输出一个相应的电荷信号,这时再用精度已知的标准检测设备测量这个电荷信号,得到电荷信号的大小,由此得到一组输入－输出关系,这样的一系列过程就是对压电式压力传感器的标定过程。

校准在某种程度上来说也是一种标定。它是指传感器在经过一段时间的储存或使用后,需要对其进行复测,以检测传感器的基本性能是否发生变化,判断它是否可以继续使用。因此,校准是指传感器在使用中或存储后进行的性能复测。在校准过程中,传感器的某些指标发生了变化,应对其进行修正。标定与校准在本质上是相同的,校准实际上就是再次的标定。

4. 智能故障诊断

智能故障诊断系统是一个由人(尤其是领域专家)、能模拟脑功能的硬件和必要的外部设备、物理器件以及支持这些硬件的软件所组成的系统。

智能故障诊断把智能控制应用到故障诊断中,根据观察到的状况、领域知识和经验,推断出系统、部件或器官的故障原因,以便尽可能发现和排除故障,提高系统或装备的可靠性。智能故障诊断系统一般由知识库(故障信息库)、诊断推理机构、接口和数据库等组成。

（1）智能故障诊断方法综述

随着科学技术的迅猛发展,特别是计算机技术的广泛应用,现代工程设备的结构日趋复杂,系统自动化的程度也越来越高。一个大型设备系统由大量的工作部件组成,不同的部件之间关联紧密,一个部件发生故障常常会引起链式反应,进而导致系统无法正常工作,甚至导致整个生产过程无法正常进行。如何保证设备安全、可靠和高效地运行,是现在生产过程中一个迫切需要研究和解决的重要问题。智能故障诊断为此提供了一条非常有效的途径。

故障诊断就是对设备的运行状态和异常情况做出判断,也就是说,在设备没有发生故障之前,要对设备的运行状态进行预测和预报;在设备发生故障后,对故障的原因、部位、类型、程度等做出判断,并进行维修决策。故障诊断的任务包括故障检测、故障识别、故障分离与估计、故障评价和决策。

（2）智能故障诊断的研究现状

智能故障诊断是故障诊断领域的前沿学科之一,是在计算机和人工智能的基础上发展起来的。智能诊断技术在知识层面上实现了辩证逻辑与数理逻辑的集成、符号逻辑与数值处理的统一、推理过程与算法过程的统一、知识库与数据库的交互等功能。

故障诊断是 20 世纪 60 年代末发展起来的一门新技术。1967 年,在美国国家航空航天局的倡导下,由美国海军研究室率先开始了机械故障诊断技术的开发和研究,并在故障机理研究和故障检测、故障诊断和故障预测等方面取得了许多实用性的研究成果。如 Johns Mitchel 公司的超低温水泵和空压机检测诊断系统,SPIRE 公司用于军用机械轴与轴承的诊断系统,IEDECO 公司的润滑油分析诊断系统,DE 公司的内燃机车故障诊断系统,西屋公司的汽车发电机组智能化故障诊断专家系统等,都在国际上具有特色。在航空方面,波音747、DC9 等大型客机上的故障诊断系统,能利用大量飞行中的信息来分析飞机各部位的故障原因并发出消除故障的命令,大大提高了飞行的安全性。英国和日本相继在 20 世纪 70 年代初开始了故障诊断的开发和研究,并在锅炉、压力容器、核发电站、核反应堆、铁路机车等方面取得了许多研究成果。根据资料报道,国外采用的故障诊断技术使设备维修费用平均降低了 15% ~20%,美国对故障诊断技术的投入占其生产成本的 7.2%,日本为 5.6%,德国为 9.4%。

国内诊断技术从 20 世纪 80 年代中期开始进入了迅速发展时期。目前,在理论研究方面,已形成具有我国特点的故障诊断理论,并出版了一系列相关论著,研制出了可与国际接轨的大型设备状态监测与故障诊断系统,比如华中科技大学研制的用于汽轮机组工况监测和故障诊断的智能系统 DEST,哈尔滨工业大学和上海发电设备成套设计研究所联合研制的汽轮发电机组故障诊断专家系统 MMMD－2,清华大学研制的用于锅炉设备故障诊断的专家系统,山东电力科学研究院与清华大学联合研制的"大型汽轮机发电机组远程在线振动监测分析与诊断网络系统",重庆大学研制的"便携式设备状态监测与故障诊断系统"等。

（3）几种现代智能故障诊断方法

目前,智能故障诊断方法主要有基于专家系统的方法、基于神经网络的方法、基于模糊逻辑的方法、基于遗传算法的方法、基于信息融合的方法。

①基于专家系统的智能故障诊断方法

专家系统智能故障诊断方法就是综合运用各种规则对计算机采集到的被诊断对象的信息进行一系列推理后,同时在必要时还可以随时调用各种应用程序并在运行过程中向用户索取必要的信息,然后能够快速地找到最终故障或最有可能的故障,并由用户来确认的一种方法。专家系统智能故障诊断方法获得巨大成功的原因在于,它将模仿人类思维规律的解题策略与大量的专业知识结合在一起。

专家系统主要由知识库、推理机、数据库、知识获取模块、解释程序和人机接口等部分组成。其内部具有某个领域专家的知识和经验,能够利用人类专家的知识和解决问题的方法来解决问题。专家系统解决的问题一般没有算法解,并且往往是在不完全信息的基础上进行推理、做出结论,因此速度快、实时性强。该方法是人工智能理论在故障诊断领域中最成功的应用,也是目前故障诊断领域最常用的方法。

②基于神经网络的智能故障诊断方法

将神经网络用于设备故障诊断是近十几年来迅速发展起来的一个新的研究领域。神经网络具有并行分布处理、联想记忆、自组织和自学习能力,并且具有极强的非线性映射特性,能对复杂的信息进行识别处理并给予准确的分类,因此可以用来对系统设备中由故障引起的状态变化进行识别和判断,从而为故障诊断与状态监控提供了新的技术手段。

将神经网络应用于故障诊断具有很多优点。例如,具有并行结构和并行处理方式;具有高度的自适应性;具有很强的自学习能力;具有很强的容错性;实现了将知识表示、存储、推理三者融为一体。

然而,神经网络也存在固有的弱点。第一,系统性能受到所选择的训练样本集的限制。第二,神经网络没有能力解释自己的推理过程和推理依据,以及其存储知识的意义。第三,神经网络利用知识和表达知识的方式单一,通常的神经网络只能采用数值化的知识。第四,神经网络只能模拟人类感觉层次上的智能活动,在模拟人类复杂层次的思维方面,如基于目标的管理、综合判断与因果分析等方面,还远远不及传统的基于符号的专家系统。模式识别的神经网络诊断过程主要包括学习训练与诊断匹配两个过程,其中每个过程都包括预处理和特征提取两部分。

③基于模糊逻辑的智能故障诊断方法

面对设备运行过程本身的不确定性、不精确性和噪声为处理复杂系统的大时滞、时变及非线性等方面带来的许多困难,模糊逻辑显示了优越性。目前将模糊逻辑用于智能故障诊断的思路主要有 3 种。

a. 基于模糊关系及合成算法的诊断。先建立征兆与故障类型之间的因果关系矩阵,再建立故障与征兆的模糊关系方程,最后进行模糊诊断。

b. 基于模糊知识处理技术的诊断。先建立故障与征兆的模糊规则库,再进行模糊逻辑推理的诊断过程。

c. 基于模糊聚类算法的诊断。先对原始采样数据进行模糊 C 均值聚类处理,再通过模糊传递闭包法和绝对值指数法得到模糊C均值法的初始迭代矩阵,最后用划分系数、划分熵和分离系数等来评价聚类的结果是否为最佳。

模糊故障诊断系统主要包括模糊化接口、模糊规则库、模糊推理机和费模糊化接口4部分。

④基于遗传算法的智能故障诊断方法

基于遗传算法的智能故障诊断的主要思想是利用遗传算法的寻优特性,搜索故障判别的最佳特征参数的组合方式,采用树状结构对原始特征参数进行再组织,以产生最佳特征参数组合,利用特征参数的最佳组合对设备故障进行准确识别,使其识别精度有了很大的提高。其基本点是将信号特征参数的公式转化为遗传算法的遗传子,采用树图来表示特征参数,得到优化的故障特征参数表达式。

⑤基于信息融合的智能故障诊断方法

目前,信息融合在大多数情况下采用多传感器融合的方式,其原理是通过有效利用不同时间、空间的多个传感器信息资源,最大限度地获得被测目标和环境的信息量,采用计算机技术对获得的信息在一定准则下加以自动处理,获得被测对象的一致性解释和描述,以完成所需的决策任务。

将多传感器信息融合技术应用于故障诊断的主要原因是信息融合能够为故障诊断提供更多的信息,故障诊断系统具有与信息融合系统相类似的特征。

概括来说,多信息融合技术在故障诊断方面的应用主要包括以下几点:对多传感器形成的不同信道的信号进行融合;对同一信号的不同特征进行融合;对不同诊断方法得出的结论进行融合。融合诊断的最终目标就是利用各种信息提高诊断的准确率。

3.3.3 智能测控仪器的健康预测性维护诊断管理

仪器预测性维护诊断的基础是对设备进行状态监测,核心是对设备的异常进行预测预警,表现形式是对设备"以测代修",最大限度地避免了过修与欠修,可以把机组的可靠性提到最高,并把由修理带来的损失降到最低,尽量实现常用备品、备件的零库存。

设备健康度预测是指通过健康度模型、劣化模型可准确地判断出设备的故障发生时间及故障原因,从而合理备件、计划生产。如图3.3所示为电厂设备健康监测系统。

在设备正常运行或产生轻微意外事件或损伤时就可以判断设备的潜在故障点,并提醒操作人员着重关注该方面的性能指标。同时实时动态分析设备,其中设备健康度模型及劣化模型是多变量、多规则的实时动态分析。设备健康度预测应用价值广泛,通过预测设备的健康度及劣化,判断设备未来可能发生的故障,减少非计划停机带来的损失,从容合理地进行备品备件,高效地协同处理故障。常规状态监测量有状态数据(中断、开关量)、电气量数据(功、电压、频率)、模拟量数据(气压、水位、振动)、温度数据(变压器、发电机、轴瓦)。

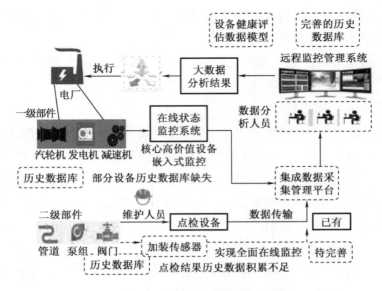

图 3.3　电厂设备健康监测系统

3.4　云平台智能测控仪器设计

3.4.1　人工智能云平台的原理、设计与应用

1. 人工智能云平台

近年来,与人工智能算法的突破相适应,人工智能软件工具得到了快速发展。这些工具大大扩展了人工智能算法服务的训练生产能力,缩短了智能服务的上线、更新周期,提高了人工智能服务的效率。

在众多人工智能软件工具中,一类非常典型的工具就是智能算法开源库和计算框架。除了 scikit – learn、XGBoost、OpenCV 等面向传统机器学习的经典算法库外,在新的智能浪潮下,谷歌、脸书、亚马逊、百度等科技公司纷纷推出了面向算法开发者的人工智能深度学习开源框架。他们推出的 TensorFlow、PyTorch、MXNet、飞桨(Paddle)等开源框架拉近了人工智能理论与实际应用的距离。

然而,原生的 scikit – learn、XGBoost、TensorFlow、PyTorch、MXNet 尚不足以支持人工智能的全流程生产化应用,而且它们也仅面向个人开发者和研究人员,管理个体研究人员的少数计算设备资源。算法科学家不得不面对琐碎的开发环境配置和软件安装、数据共享管理等工作,并不得不小心翼翼地处理与服务器上其他同事之间的环境兼容问题。而在模型训练和智能服务封装出现后,他们往往无暇再担负对封装的算法模型服务进行上线部署的工作以及处理服务并发、监控等一系列问题。算法科学家不应该也不擅长担负过长的链条环节,而应该被解放出来,只聚焦他们在整个人工智能服务应用全流程中最擅长的环节——模型的设计、训练和调优。

因此,为了提升智能服务和应用的生产效率,搭建人工智能平台是极为重要的一环。它可以在能够进行大规模模型训练的云计算资源上提供面向多租户的智能学习全流程服务,提供诸如海量样本数据共享存储和预处理、多用户模型训练、资源管理、任务调度和运行监控等能力,提供人工智能生产流程的抽象、定义和规范流程,避免重复性的工作,最终显著降低用户形成生产力的成本。可见,人工智能不仅需要数据科学家研发新模型、软件工程师应用新模型,还需要兼具人工智能专业背景的系统架构师和软件工程师来建设人工智能云平台。

人工智能云平台为用户提供构建智能应用程序的工具箱。平台将智能算法与数据结合在一起,从而使算法开发人员和数据科学家能够从复杂的计算、存储设备环境配置、框架参数选择中解脱出来,专注于算法模型的设计和优化。人工智能平台对不同的用户有不同的设计考虑。门槛较低的平台提供预先构建的算法和简化的工作流,可以可视化拖曳基本模块以搭建算法流程,获得最终解决方案;而更加专业的平台则需要用户具备更丰富的开发和编码知识。

开发人员经常使用 AI 平台来创建学习算法和智能应用程序。除了资深的人工智能算法工程师外,缺乏深入开发技能的用户将受益于平台预先构建的算法和自动调整参数(以下简称"调参")、模型自动构建等高级特性。

因此,一个人工智能云平台必须具备以下基本能力:

(1)为构建人工智能应用程序提供一个算法模型设计、开发的环境;

(2)为算法研究人员或数据科学家提供集群计算、共享存储和任务调度的管理平台,管理调度细节尽量对用户透明;

(3)允许用户创建机器学习算法或为更多新手用户提供预先构建的机器学习算法,从而构建应用程序;

(4)为开发人员提供数据和算法互联互通的机制,以便他们快速启动试验和任务。

人工智能平台为用户提供了便捷的机器学习工具和环境,替用户屏蔽了计算、存储及运行环境的复杂性。这在云计算的应用场景中显得尤其具有商业价值。然而,在公有云或私有云上构建能够适配大型集群的人工智能云平台是远比在实验室环境中构建人工智能云平台更加复杂的工程。

2. 云计算与人工智能云平台

人工智能云平台本质上是一种特殊的云计算平台。因此,要了解人工智能云平台就不得不回顾一下云计算。

对云计算的定义有很多,目前被大家广为接受的是美国国家标准与技术研究院(national institute of standards and technology,NIST)的定义:云计算是一种模型,可以提供对可配置计算资源(如网络、服务器、存储、应用程序和服务)共享池的便捷、按需访问,并且只需要很少的管理工作量或与资源服务提供商进行很少的交互。

可以说,云计算是分布式并行计算、网络共享存储、虚拟化、负载均衡、冗余备份等传统计算机和网络技术发展融合的产物。"云"是一种比喻说法,用"云"来抽象地表示互联网和底层基础设施。云计算可以为用户提供每秒 10 万亿次以上的运算能力,用户只需通过租用的方式就可以拥有这么强大的算力,而无须购买实体的算力资源硬件设备。利用这些算力,用户可以完成模拟宇宙爆炸、天气预报等超大计算任务。用户通过台式电脑、笔记本电脑、手机等低成本终端,超越地域的限制,以便捷的形式接入数据中心,就可以按自己的需求进行运算。云计算服务供应商集中管理必需的软、硬件,而不需要用户进行机房维护。这样用户就能够随时随地调用计算资源,在使用完或不用时及时释放计算资源以供再分配,从而提高资源使用率,降低 IT 使用成本。

云计算服务有多种分类方式,比较常用的是按层级划分,主要有以下 3 种类型。

一是基础设施即服务(IaaS)。用户通过互联网就可以获得充足的计算机基础设施服务,例如在线的硬件服务器租用。

二是平台即服务(PaaS)。PaaS 供应商将研发的软件平台作为一种在线服务。

三是软件即服务(SaaS)。SaaS 供应商通过互联网提供应用软件,用户无须购买软件,而是向供应商租用基于 Web 的软件来管理企业经营活动。

IaaS、PaaS 和 SaaS 三者之间的区别如图 3.4 所示。

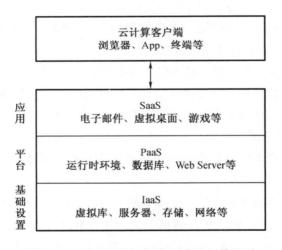

图 3.4 IaaS、PaaS 和 SaaS 三者之间的区别

众多科技巨头都会根据自身的业务特点和能力对外提供云计算服务。例如,亚马逊的AWS Amazon Web Services、谷歌 Cloud、IBM Blue Cloud、微软 Azure,国内的阿里云、华为云、腾讯云、百度云等。这些大公司的云计算产品比较丰富,往往既有 IaaS,也有 PaaS 和 SaaS。

近年来,随着 AI 的爆发式发展,除了传统的 IaaS、PaaS 及 SaaS 层级外,机器学习即服务(machine learning as a service,MLaaS)逐渐变成云计算领域最热门的内容。MLaaS 包含一系列服务,这些服务将机器学习工具作为云计算服务的一部分。MLaaS 帮助客户从机器学习中受益,而用户无须承担建立内部机器学习团队的经济成本、时间成本和风险。MLaaS 有助于解决数据预处理、模型训练、模型评估及最终预测等基础设施问题。MLaaS 是未来大型互联网公司必争的重要领域,各云计算供应商要想在这个领域占据主动地位,就必须为 AI 开发提供最先进的开发工具和最高性能的硬件平台。

实际上,MLaaS 对应人工智能云平台的概念,其本质是一种特殊的云计算服务,其因特殊性而被单独列为一个新的层级。本质上,人工智能云平台与 PaaS 非常类似,一方面允许进行基本的 AI 相关应用程序开发,另一方面又因提供人工智能和机器学习功能而具有鲜明的特点。

与常规的 PaaS 云计算服务相比,人工智能云平台具有以下特点。

(1)计算资源的特殊性和多样性

通常云计算服务为各种应用提供的计算设备较为单一,以 X86 架构的 CPU 为主,其对计算资源的管理调度和虚拟化管理也较为成熟。由于智能算法尤其是深度学习算法具有高计算复杂度,因此人工智能云平台需要为智能算法提供高性能计算设备。这些计算设备不仅限于 CPU,还包括 GPU、张量处理单元(tensor processing unit,TPU)、现场可编程门阵列(field programmable gate array,FPGA)等。这些异构设备的架构不一、特点迥异,应用场景有较大区别,虚拟化机制也远没有 CPU 成熟。因此,这些问题对人工智能云平台的计算资源管理调度能力提出了更高的要求。

(2)大规模分布式并行计算

人工智能云平台提供智能算法的训练和推理预测运行环境。虽然 GPU、TPU 等高性能计算设备的出现大大提高了智能算法的运行效率,但单一的计算节点和单一的高性能计算设备还是无法满足智能算法训练和推理预测的算力需求。因此,人工智能云计算平台还需要提供大规模分布式并行计算的功能,充分利用计算设备的算力,使并行计算的规模效率比最大化,降低不同节点的通信和同步损耗,同时,还要对上层尽量透明,以免使算法科学家卷入复杂的分布式调度机制中。

(3)对样本数据的标注、预处理、管理与访问

智能算法需要的训练样本包含了样本数据和数据的标注,尤其是监督学习(supervised learning)更需要这些数据。数据标注的过程是将人类知识赋予到数据上的过程。往往有了好的数据标注,才有可能训练出好的模型。训练时,人们会将数据和数据的标注同时输入机器学习模型,让模型来学习两者间的映射关系。

除了数据标注外,智能算法的训练过程还需要对样本数据进行预处理,包括随机裁切、样本增强、减均值、白化操作等。在训练过程中往往会综合采用多种预处理方法来进行数据增强。

此外,对海量的样本数据进行随机批量访问也是智能算法训练必须面对的问题。因此,需要解决对大样本数据集的共享存储管理和访问问题。同时,在训练时,为了避免数据输入/输出成为影响计算效率的瓶颈,往往需要采用多线程数据加载队列的策略,预读取下一次迭代需要的训练样本,以提高 GPU 或其他高性能计算单元的使用效率。

(4)与人工智能应用流程密切相关

人工智能应用具有鲜明的业务特点,主要分为数据预处理、模型开发、模型部署预测三大环节。数据预处理主要包括存储、加工、采集和标注四大主要功能,前三项与大数据平台

几乎一致,而标注功能是人工智能平台所特有的。模型开发包括特征提取、模型训练及模型评估。特征提取即设计并计算数据的有效特征表示;模型训练主要是平台的计算过程,将样本数据中蕴含的知识转化为模型参数;模型评估主要是计算训练好的模型的评估指标,衡量模型算法性能。模型部署预测将模型部署到生产环境中并进行推理应用,真正发挥模型的价值。

(5)需要提供交互式的模型算法实验环境

设计开发智能算法的过程是一个实验过程,需要不断迭代模型结构、超参数,并通过代码调试、分析输出、绘制曲线、交叉验证等多种手段方便算法科学家进行交互式开发。对某一段代码提供所见即所得的交互式体验,对于调试智能算法代码来说非常方便,因此,人工智能云平台需要提供面向多租户的交互式模型算法实验环境。

3.智能开发框架与人工智能云平台

在机器学习和深度学习的初始阶段,每个智能开发者都需要写大量的重复代码。为了提高工作效率,开源研究者和具有前瞻性的科技公司开发了机器学习和深度学习的算法框架,供研究者共同使用。随着时间的推移,较为好用的几个框架更受大多数开发者的欢迎,从而流行起来。迄今,全世界较为流行的智能开发框架有 TensorFlow、PyTorch、Caffe、MXNet、Keras 和 scikit - learn 等。

智能开发框架的出现大大降低了智能应用开发的门槛,算法开发者不再需要从零开始搭建复杂的神经网络,而是可以根据需要选择已有的模型结构,也可以在已有模型的基础上增、删、改网络层及选择需要的分类器和优化算法。总体来说,智能开发框架提供了一系列的深度学习和机器学习的标准组件,实现了许多经典的、通用的算法,提高了算法开发效率。算法开发者需要使用新的算法时,可以灵活定义扩展,然后通过智能开发框架的特定接口调用自定义的新算法。

可以说,对于算法研发人员而言,智能开发框架是算法模型的直接生成工具,并逐渐成为事实上的模型开发和生成的标准规范。目前主流的人工智能云平台都是在流行的智能开发框架的基础上构建智能服务的,具体如图3.5所示。

智能开发框架解决了算法开发者快速进行算法模型开发的问题,但其只是一套开发库和计算引擎,尚缺乏系统而完善的运行管理机制和透明的分布式资源管理能力。主要不足体现在以下几方面。

(1)资源隔离。智能开发框架中并没有"租户"的概念,如何在集群中建立"租户"的概念,做到资源的有效隔离成为比较重要的问题。

(2)缺乏完善的 GPU 调度机制。智能框架通过指定 GPU 的编号来实现 GPU 的调度,这样容易造成集群的 GPU 负载不均衡。

(3)分布式应用。分布式应用需要在运行时显示指定集群的 IP 和 GPU 资源,而且许多智能开发框架的分布式模式会出现进程遗留问题。

(4)训练的数据分发及训练模型保存都需要人工介入。训练日志的保存、查看不方便。

(5)缺少提供作业和任务的排队调度框架。

(6)与大数据系统存在兼容性问题。智能开发框架支持的数据源和输入/输出数据结构与云计算场景下的大数据生态并不完全兼容,这对多种计算引擎协同处理统一数据集的应用场景并不友好。

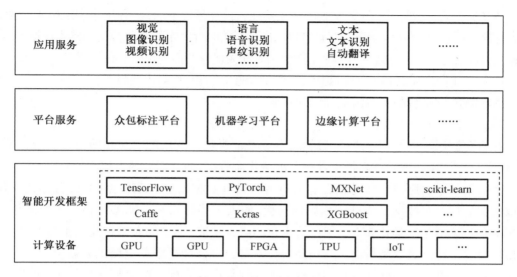

图 3.5 智能开发框架和人工智能云平台的关系

因此,TensorFlow、PyTorch、MXNet 等智能开发框架尚不足以支持大规模商业云计算场景下人工智能的全流程生产化应用,无法在进行大规模模型训练的云计算资源上提供面向多租户的智能学习全流程服务。其欠缺如大数据样本管理和预处理、多用户模型训练、管理和运行、资源管理、任务调度和运行监控等能力,最终导致用户形成生产力的成本过高。因此,需要一个集群调度和管理系统解决 GPU 调度、资源隔离、统一的作业管理和跟踪等问题。

人工智能云平台是以智能开发框架为底层计算引擎,在为用户屏蔽了计算、存储及运行环境的复杂性之后,提供了面向算法科学家的多租户云计算 PaaS,达到扩展人工智能算法服务的训练生产能力,缩短智能服务的上线、更新周期,提高人工智能服务的生产效率的目的。

人工智能云平台集成各主流智能开发框架的优势,并在此基础上构建了统一框架进行优势的整合,梳理了智能应用从数据上传到训练学习再到模型发布的全流程,为智能应用提供基础的、面向通用智能处理算法的训练测试功能,提供学习模型、训练样本数据的管理维护工具。用户可以通过智能开发框架构建自己的业务模型,并对已有模型进行训练更新;同时也可将智能框架提供的智能应用支撑功能应用到自己的业务流程中,提高业务的智能化程度。因此,人工智能云平台是构建在智能开发框架上的云计算环境中的 PaaS。

为了降低 AI 学习门槛,构建高效的资源调度能力,提供一站式智能应用服务体验,人工智能云平台注定要面临许多挑战。这些挑战多数都是围绕"异质性""大规模"这些特点展开的。在构建一个人工智能云平台时,一般不会重复制造算法科学家早已熟悉的部分构件,而是可以充分利用一些开源框架,甚至一些开放平台,再做进一步的封装和处理。

4. 人工智能云平台的主要环节与基本组成

前文讨论了人工智能云平台的概念和功能需求,下面将对人工智能云平台所包含的环节和基本组成部件进行介绍。

人工智能云平台的主要环节紧紧围绕集群或云计算环境下的人工智能应用的工作流程展开。在这个流程中,算法科学家"教"计算机做出预测或推断。首先,使用算法和样本数据训练一个模型;其次,将模型集成到应用程序中产生实时和大规模的推理预测。在生产环境中,模型通常会从中学习数以百万计的示例数据项,并在几十或几百毫秒内做出预测。

人工智能云平台的基本组成如图 3.6 所示。

(1)样本数据准备环节

在将数据用于模型训练之前,数据科学家经常要花费大量的时间和精力来获取样本数据,观察、分析、预处理及增强样本数据。准备样本数据,通常需要执行以下操作。

①数据获取。用户可以通过自有渠道或从公开数据集中获取数据,并进行标注整理。获取数据后需要对数据格式进行相应的转换,使人工智能云平台能够解析。一般来说,网络爬虫和数据标注工具并非人工智能云平台的必备功能,不同的人工智能云平台服务可以根据自身业务特点决定是否提供这些能力。通常公有云计算服务只提供数据集上传功能,默认接收的是已经具备标注信息的标准样本数据集和与之配对的数据解析脚本,或者与他们自己的云存储服务整合一体,提供从云存储中接入数据的功能。而对于一些企业的私有云平台来说,因为这些系统并不对外提供服务,只针对企业内部的智能应用业务流程,因此可以深度定制。他们可以将网络数据爬取、数据标注、数据格式转换等一整套数据获取流程整合封装,为企业内部研发人员提供闭环的数据获取解决方案。

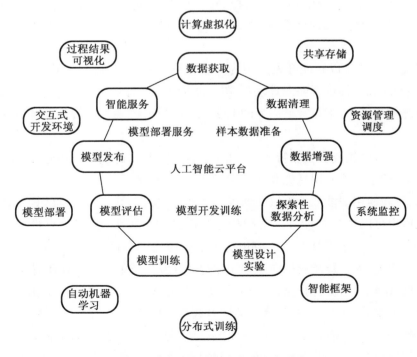

图 3.6 人工智能云平台的基本组成

②数据清理。并非每个数据集都是完美的,没有缺失值或异常值。实际的数据十分杂乱,这就要求在开始分析之前,对数据进行清理并将其转化为可接受的数据格式。数据清理是实际业务中最容易被忽视但却必不可少的一部分。为了提高模型的性能,还需要进行必要的数据标准化和数据正则化操作。数据标准化可以将通过不同手段获取的数据转换为统一均值和方差的样本。这样可以在模型训练时避免受数据量纲、值域范围的影响。数据正则化将每个样本缩放到单位范数,如采用 L1 范数、L2 范数等,这样在度量样本之间的相似性时会有统一的基准。

③数据增强。收集样本数据准备训练模型时,经常会遇到某些数据严重不足的情况,尤其是在进行深度学习模型训练时。因为数据集过小往往会造成模型的过拟合。数据增强的目的一方面是增加件本数据的数量,另一方面是丰富样本数据的变化。以图像样本增强为例,常见的增强方法有图像亮度、饱和度、对比度变化(color jittering),采用随机图像差值方式,对图像进行裁剪(random crop),尺度和长宽比随机变化(scale jittering),水平/垂直翻转(horizontal/vertical flip),平移变换(shift),旋转变换(rotation)等。

(2)模型开发训练环节

①探索性数据分析。在完成较为烦琐的数据清理工作之后,为了发掘数据中隐含的信息,需要采用多种可视化的交互方式分析样本数据的特点和蕴含的信息。探索性数据分析是一个开放的过程,可以计算统计数据,通过画图分析并发现数据中的趋势、异常、模型和关系。探索性数据分析的目的是了解数据,并从数据中发现信息。这些信息有助于建模选择和帮助人们决定使用哪种特征或网络模型。

②模型设计实验。模型设计实验是一个建模的过程,这也是算法科学家的核心工作之一。人工智能云平台需要为数据科学家提供交互式的模型设计开发环境,在开发环境中提供基础的编程环境及典型的常用算法组件,以便算法科学家快速搭建实验、验证想法。另外,设计开发环境需要实现多租户的实验目录管理和数据管理,为用户记录实验过程和结果,保存实验模型文件和评估数据,并在一定程度上提供可视化曲线绘制功能,以便对实验进行分析比对,迭代改进模型的设计方案。针对编程基础弱的用户,可以提供抽象化接口的图形化交互形式搭建实验,虽然这种方式的灵活性受限,但很适合在模型定型后通过微调和更新样本数据对模型进行更新。

③模型训练。模型训练是人工智能云平台的重要功能之一,涉及的技术点较多。在实验阶段基本确定模型结构和参数范围后,就可进行计算资源配置,提交训练任务,开始模型训练。模型训练是对数据进行模型拟合的过程,是一个离线过程,时间往往较长。高效地进行模型更新,对平台的计算资源分配和任务调度能力都提出了较高的要求。对于大规模的训练任务来说,还需要提供分布式训练机制,使计算具有可靠性和扩展性。另外,在模型训练环节还涉及一个重要的步骤,即模型调参。在试验超参数的过程中,经常需要对一组参数组合进行试验。批量提交任务功能可以节约用户的时间,为用户提供更多的便利。平台也可以直接对这组结果进行比较,为用户提供更友好的界面。人工智能云平台需要提供便捷直观的超参数调节工具,甚至是更高级的自动机器学习(automated machine learning,AutoML)机制,通过对网络结构和超参数的自动化选择来提升建模工作的效率。

④模型评估。在模型训练之后,需要对模型效果进行精确评估,以确定模型是否可以上线,或哪些方面需要继续改进。人工智能云平台可提供可视化的界面,绘制多种性能曲线和评估矩阵,辅助决策。除了模型效果外,还需要评估计算资源负载和响应速度。如果模型有了较大的改动,可能会在执行性能上有较大的变化。在资源紧张的情况下,如果没有注意到这些因素,可能会因为模型发布而造成服务负载过高,甚至会影响到其他线上服务,进而影响整个业务的稳定。

(3)模型部署服务环节

①模型发布。在完成模型训练并通过了模型评估之后,通过模型发布将模型以 Web 服务的形式发布出来,可以通过远程过程调用(remote procedure call,RPC)或表征性状态传输(representational state transfer,REST)的形式进行访问调用。现代的运维体系关于如何提供服务已经有很多成熟的技术,完全可以结合传统的云计算框架或容器化集群管理框架实现。可以通过设置模型发布模板,将模型发布嵌入自动化流程。在模型发布阶段需要注意:较大的模型文件需要预加载的时间和模型预热(warm – up)时间,之后才能高效地提供模型访问服务。如果人工智能云平台底层采用了已经提供模型访问服务功能的智能开发框架,如 TensorFlow 的 TensorFlow Serving,那么访问效率会更高一些,代价可能是要对模型进行重新编译。

②智能服务。由于模型训练和模型推理预测的程序代码逻辑是不同的,所以模型发布后,智能应用的开发者还需要根据业务实际,开发业务访问服务,对外接收和处理智能应用请求,对内调用模型部署提供的模型服务响应接收到的请求。智能应用全流程可以搭建为一个数据闭环:发布模型并提供智能服务之后,平台可通过在线服务持续收集样本,同时不断地进行模型评估以判断模型是否能适应数据分布的持续变化;然后,使用收集的新数据集重新训练模型,提高在线推理预测的准确性。随着可用的样本数据越来越多,可以继续对模型进行迭代训练,以提高准确性。

在人工智能云平台中,智能开发应用的各个阶段对平台提出了较多要求,包括分布式存储、交互式开发环境构建、训练过程结果的可视化、多任务调度、集群资源管理、分布式训练机制、容器虚拟化支撑、日志管理、持续集成及系统监控等。

3.4.2 云服务功能的实现

1. 什么是云计算

云计算是一种新兴的商业计算模型。它将计算任务分布在由大量计算机(服务器)构成的资源池上,使各种应用系统能够根据需要获取算力、存储空间和各种软件服务。云计算是分布式处理、并行处理和网格计算的发展,是这些计算机科学概念的商业实现。

2. 云计算可以解决哪些问题

随着 IT 行业在全球范围内的快速发展,IT 平台的规模和复杂程度出现了大幅度的提升,但是,高昂的硬件和运维管理成本、漫长的业务部署周期及缺乏统一管理的基础架构给企业 IT 部门制造了重重障碍。云计算技术颠覆性地改变了传统 IT 行业的消费模式和服务模式,消费者实现了从以前的"购买软硬件产品"向"购买 IT 服务"转变,并通过 Internet 自助式地获取和使用服务,大大提高了 IT 效率和敏捷性。

近年来,在社会和企业的数字化转型的浪潮下,我国云计算产业呈现稳健发展的良好态势。随着大数据和云计算应用的普及,越来越多的企业开始"拥抱"云计算服务。当前我国涌现出一大批以阿里云、腾讯云、华为云为代表的云计算企业,我国庞大的云计算市场的竞争日趋白热化,有力地推动了我国云计算技术的发展和产业结构的升级与优化。

3. 国内云计算厂商

(1) 阿里云

阿里云创立于 2009 年,是亚洲最大的云计算平台和云计算服务提供商,和亚马逊 AWS、微软 Azure 共同构成了全球云计算市场第一阵营。公开信息显示,阿里云在全球 21 个区域部署了上百个数据中心,管理的服务器规模在百万台。阿里云凭借着自主研发的飞天云操作系统,占据了国内 50% 左右的云计算市场份额,是国内云计算市场中公认的"领头羊"和行业巨头。

阿里云的服务群体中,活跃着淘宝、支付宝、12306、中国石化、中国银行、中国科学院、中国联通、微博、知乎、锤子科技等一大批明星产品和公司。在天猫"双 11"全球狂欢购物节、12306 春运购票等极富挑战的应用场景中,阿里云保持着良好的运行纪录。

(2) 腾讯云

腾讯云于 2013 年 9 月正式对外全面开放。腾讯云经过 QQ、QQ 空间、微信、腾讯游戏等业务的技术锤炼,从基础架构到精细化运营,从平台实力到生态能力建设,得到了全面的发展,能够为企业和创业者提供集云计算、云数据、云运营于一体的云端服务体验。腾讯云在国内市场占据 18% 的市场份额,紧随阿里云。

腾讯云的业务主要包括云计算基础服务、存储与网络、安全、数据库服务、人工智能、行业解决方案等。腾讯云凭借着在社交、游戏两大领域的庞大客户群和生态系统构建,具备了与阿里云一较高下的实力。

(3) 华为云

华为云成立于 2011 年,专注于云计算中的公有云领域的技术研究与生态拓展,致力于为用户提供一站式的云计算基础设施服务,是目前国内大型的公有云服务与解决方案提供商之一。华为云在国内市场占据 8% 左右的市场份额。

华为云立足于互联网领域,依托华为公司雄厚的资本和强大的云计算研发实力,面向互联网增值服务运营商,大、中、小型企业,政府机构,科研院所等广大企业、事业单位的用户,提供云主机、云托管、云存储等基础云服务,数据库安全、数据加密、Web 防火墙等安全服务,以及域名注册、云速建站、混合云灾备、智慧园区等解决方案。

(4) 百度云

百度云于 2015 年正式开放运营。百度云秉承"用科技力量推动社会创新"的愿景,不断地将百度在云计算、大数据、人工智能方面的技术能力向社会输出。

相较于其他厂商,百度对人工智能和边缘计算这两方面的投入较大,目前百度云提供的主要业务包括云计算、AI 人工智能、智能互联网、智能大数据四大类。

（5）金山云

金山云创立于 2012 年，是金山集团旗下的云计算企业。金山云现任董事长就是小米科技的创始人之一——雷军。金山云已推出包括云服务器、云物理主机、关系型数据库、缓存、表格数据库、对象存储、负载均衡、虚拟私有网络、托管 Hadoop、云安全、云解析等在内的完整云产品，以及适用于游戏、视频、政务、医疗、教育等垂直行业的云服务解决方案。

（6）京东云

京东云是京东集团旗下的云计算综合服务提供商，依托京东集团在云计算、大数据、物联网和移动互联应用等多方面的长期业务实践和技术积淀，致力于打造社会化的云服务平台，向全社会提供安全、专业、稳定、便捷的云服务。

随着京东基础云、数据云两大产品线，京东电商云、物流云、产业云、智能云四大解决方案以及华北、华东、华南三地数据中心的正式上线，京东云正式加入风生水起的云计算市场争夺。

（7）网易云

网易云是网易集团旗下的云计算和大数据品牌，致力于提供开放、稳定、安全、高性能的基础技术平台和完善的云生态体系，帮助客户实现数字化转型与创新，促进其商业蜕变与持续发展，推动产业数字化升级。

依托 20 余年的技术积淀，网易云打造了轻舟微服务、瀚海私有云、大数据基础平台（猛犸）、可视化分析平台（有数）、专属云、云计算基础服务、通信与视频（云信）、云安全（易盾）、服务营销一体化方案（七鱼）、云邮箱（网易邮箱）等多类型产品，以及工业、电商、金融、教育、医疗、游戏等行业解决方案，并拥有完善的知识服务。

（8）中国移动云

中国移动云是中国移动旗下的云技术。移动云是中国移动基于移动云计算技术建立的云业务品牌。移动云的品牌主张是"5G 时代你身边的智慧云"，品牌价值为"云网一体安全可控"。

移动云为客户提供云网一体、安全可控的专业云服务。依托移动云的计算能力，建设 $N+31+X$ 资源布局，基于北京、广州、哈尔滨、呼和浩特、长沙构建大规模资源池，辅以全国各省的省级数据中心，通过专线互联，实现业务跨区域的高速、低延迟、大带宽和高服务质量（quality of service，QoS）互通。

移动云建设了 N 个集中节点、31 个省级属地化节点、X 个边缘节点，打造"一朵云"的全域资源布局。专网专用，建设"一张网"，全局智能流量调度、调优。移动云建设门户统一入口，提供一站服务、一跳入云、一点受理的"一体化服务能力"。

移动拥有全球性的网络和行为数据，自主研发了企业级大数据平台。移动云充分挖掘行业大数据应用，以特色数据服务为核心，汇聚数据服务上下游合作伙伴，建设云数融通生态体系。

中国移动研发了"九天人工智能平台"，打造了多款人工智能产品并登录移动云，为 AI 项目提供良好开发环境。平台已累计上线 AI 应用 90 多项，支撑 5G 解决方案超百项，服务用户超 9 亿，为经济社会赋能。

5G+边缘计算带来的低时延特性将成为衡量云计算性能的关键标准。中国移动加速5G专网和广域、局域边缘云的建设发展,努力打造"数据不出场,时延几毫秒"的云边协同新优势,提供泛在智能的一站式"移动云"服务。

中国移动拥有31家省级公司、290多家市级公司,实现移动云省、市、县全域覆盖,打造客户身边的云。移动云拥有5万人的客户经理团队,技术人员超11.6万人,客户可享受属地化支撑、贴身化服务的便利。

移动云依托属地化资源、丰富的产品及生态,打造行业专享、灵活定制的端到端的解决方案。属地开辟隔离资源区,实现行业用户资源独享;满足各行业属性需求,定制端到端的解决方案;拥有海量行业生态合作伙伴,支撑解决方案的快速构建。

移动云坚定不移地加大研发投入,强化核心技术的自主创新,打造完整的产品体系和健康的应用生态,通过了首批可信云认证,牵头制定5项云计算相关的国家标准。通过自主掌控核心技术,移动云提供多类安全服务,提供通信级安全体系保障,打造最值得信赖的云。

移动云面向政府部门、企业客户和互联网客户提供弹性计算、存储、云网一体、云安全、云监控等IaaS产品,数据库、应用服务与中间件、大规模计算与分析等PaaS产品,以及包括通过开放云市场引入的合作伙伴提供的海量优质应用在内的千款SaaS应用。产品体系产品覆盖弹性计算、云存储、云网络、云安全、数据库、视频服务、应用服务、云桌面、大数据与人工智能。

(9)中国联通云计算

中国联通的云联网实现了企业Office、公有云、数据中心等专有网络互联,满足一点入云、云间互联、全国组网等业务需求。

中国联通云联网业务(CloudBond)是以联通集团骨干网(产业互联网)为承载网络,为混合云场景(含公有云、私有云及数据中心托管)提供可自服务的快捷、弹性、随选的全国组网方案,解决不同地域、不同网络环境间的多云互联的问题,实现异构混合云组网。

中国联通云计算公司已开始运营,主要从事联通云平台产品的营销推广工作。

4. 云服务提供商

下面简单介绍一下目前一些典型的云服务提供商。

(1)亚马逊AWS

亚马逊最初做电商业务,购买了一批服务器,搭建了电商平台。由于服务器具备富余的计算资源,因此其考虑对外出租这些资源,从此开展了云计算业务并逐渐扩大了业务规模。现在,亚马逊是世界上最大的云计算服务公司之一,产品线丰富。

(2)微软Azure

微软云端的技术绝大多数是自主研发的,如Windows操作系统、SQL Server数据库、Office办公软件、活动目录等,优点是架构简洁、综合成本低,但是缺点也很明显,即开放性有待提高。虽然目前微软引入了Linux、Hadoop、Eclipse等开源产品,但还远远不够。

微软的云开发比较有优势,包括开发移动应用、Web应用和传统软件。另外,微软把Office办公套件搬上了云端,取名为"Office 365"。

（3）谷歌云平台

谷歌公司的云计算服务产品线虽然没有亚马逊公司丰富，但是也有其特色，其产品包括翻译、大数据、Bigtale 等。

谷歌公司的云计算服务产品线具备虚拟主机、存储和组网等核心产品，但没有类似亚马逊的虚拟桌面和软件流，不过用户可以自己在虚拟主机的基础上进行配置，如在虚拟主机里安装 Windows 8，然后采用微软的远程桌面协议 RDP 实现桌面云虚拟化（virtual desktop infrastructure，VDI）。另外，谷歌提供的免费版谷歌硬盘集成了在线办公功能（Google Docs，包括文字排版、表格、PPT 文件等）。

3.4.3　云端大数据分析

大数据是云计算后应用得最广泛的计算机技术。大数据的应用给思维模式、商业的运行模式、科研成果及医疗诊断方面带来了巨大的影响。随着对大数据的广泛应用和深入研究，大数据的关键特征现已总结为包括体量、速度、多样化、质量及价值的全新"5V"概论。对大数据进行信息分析，可以发现其蕴藏的规律、知识及价值。

1. 大数据分析定义

大数据分析是随着数据量急剧膨胀而产生的对海量数据进行使用和提取有效信息的一种方法，一般为利用大数据的时间属性，按对应的时间间隔记录发生的重要变化，通过叠加每次变化的内容，提取其中共性特征数据，揭示隐藏在数据集合中的规律，发现有价值的知识。大数据分析以发现有用的知识为目的，主要包括清洗、集成、转换、建模及模型评估等过程，最终得到决策知识。这一过程通常会根据分析目标进行反复迭代，逐步求精。大数据技术的发展与云计算、物联网等新技术的发展密切相关。云计算是以虚拟化技术为基础，以网络为载体提供基础架构、平台、软件等服务的形式，整合大规模可扩展的计算、存储、数据、应用等分布式计算资源进行协同运作的超级计算模式。云计算在大数据存储和计算方面助力大数据的落地。而物联网是指通过信息传感设备，按照约定的协议，把任何物品与互联网连接起来，进行信息交换和通信，以实现智能化识别、定位、跟踪、监控和管理的一种网络，是在互联网的基础上延伸和扩展的网络，是大数据的重要来源。

2. 大数据分析的关键技术

大数据分析的关键技术包括数据清洗、数据处理、数据挖掘、数据可视化和价值评估等几方面。大数据一般都具有不完整、有噪声和不一致等特点。

数据清洗技术是将异构多源数据进行加工，纠正数据中可识别的错误，包括检查数据一致性、处理无效值和缺失值；另外还包括一些简单的语义层的映射技术。数据处理技术是要解决大数据分布式并行处理问题，包含 Map Reduce 批量处理框架、流式计算框架、图计算等相关技术。Map Reduce 批量处理框架将待处理任务划分为若干子任务并分配到不同节点上，实现了利用多个网络节点对任务的协同计算，时延较大；流式计算框架对数据存储并不关注，对流式数据的计算具有即时性、单遍处理、近似性的特点；图计算具有多迭代、稀疏结构和细粒度等特点，一般针对存储在图数据库中的数据进行计算处理。数据挖掘就是从海量数据中发现有趣模式的过程。数据挖掘是根植于场景的,应用领域不同,应用问题不同,采取的挖掘技术也不同,一般包括模式识别、统计学、机器学习、关联规则挖掘等技术。数据可视化是一门用形和色表达数据的艺术。在大数据时代,庞大的数据量已远远超出人们的观察、理解和处理数据的能力,因此"让数据说话"、使数据可视化对大数据分析越来越重要。最初的可视化主要使用统计图标,后来随着地理信息系统、时间线展示工具等的发展,数据可视化呈现更加生动、高效的形式。价值评估是对大数据分析算法的评估,包括效果评估和性能评价。效果评估是针对数据处理质量的测量,性能评估主要是针对数据处理速度和稳定性的测量。

3. 大数据分析技术的发展前景

随着人工智能技术的发展,大数据分析技术也在不断发展。人工智能技术立足于神经网络,同时发展出多层神经网络,从而可以进行深度机器学习。与传统的统计学等算法相比,人工智能技术并无多余的假设前提(比如线性建模需要假设数据之间的线性关系),而是完全利用输入的数据自行模拟和构建相应的模型结构,这使基于机器学习建立的大数据分析算法更加灵活,并且可以根据不同的训练数据而拥有自优化的能力。目前基于人工智能的分析技术主要是从机器学习方面开展的大数据分析。大数据分析技术分为大数据聚类、大数据关联分析、大数据分类和大数据预测。通过大量数据的训练,机器学习能够总结出事件之间的相关性,可以提高大数据分析的精准性。虽然人工智能技术是大数据分析的利器,但在面临大数据问题时,现有的机器学习、深度学习、计算智能等人工智能分析技术都存在许多不足,难以有效解决大数据的诸多问题,还需要在分布式深度学习算法、分布式优化算法、机器学习模型并行策略、深度神经网络并行训练等方面进行进一步研究。

3.5 机械部分的加工制造

智能测控仪器的机械部分的加工制造主要包含如下过程。

1. 产品设计

产品设计是企业产品开发的核心。产品设计必须保证技术上的先进性与经济上的合理性等。

2. 工艺设计

工艺设计的基本任务是保证生产的产品能符合设计的要求,制定优质、高产、低耗的产品制造工艺规程,制定出产品的试制和正式生产所需要的全部工艺文件。

3. 零件加工

零件加工包括坯料的生产,以及对坯料进行各种机械加工、特种加工和热处理等能够使其成为合格零件的过程。极少数零件加工采用精密铸造或精密锻造等无屑加工方法。

4. 检验

检验是指采用测量器具对毛坯、零件、成品、原材料等进行尺寸精度、形状精度、位置精度的检测,通过目视检验、无损探伤、机械性能试验及金相检验等方法对产品质量进行鉴定。

5. 装配调试

装配调试是根据规定的技术要求,将零件和部件进行必要的配合和连接,使它成为半成品或成品的工艺过程。装配是机械加工制造过程的最后一个生产阶段。

6. 入库

入库是指企业生产的成品、半成品及各种物料为防止遗失或损坏,放入仓库进行保管。

3.6　智能测控仪器用户端

3.6.1　测控中心控制台

1. 控制台(console)

通常来讲,控制台是指在运行关键任务的控制室当中,根据特殊的人体工程学设计制造的,为操作和调度人员提供可以承载各种办公设备和专用设备的专业家具。控制台的应用范围非常广泛,涵盖电力生产和电力调度中心、核工业设施运行中心、能源生产中心、交通运行监控中心、航空航天任务监控中心、公共安全任务监控中心、金融交易中心监控中心、广播电视监控中心、工厂中控室等非常多的应用场景,这些类型的控制室、监控中心、控制中心都属于关键任务控制环境(mission critical control environment),影响着经济社会的有序运作。此外,控制台还可以指控制面板(Windows 图形用户界面的一部分)、命令行界面[command line interface,CLI,也有人称之为字符用户界面(command user interface,CUI)]和机械控制台(如交通工具的驾驶舱)。

2. 控制台的设计原则

控制台的设计需要根据用户的实际需求和项目具体情况,依据人体工程学、美学标准,进行定制化设计、研发。控制台能够满足用户的不同需求。

人体工程学方面主要参考以下几方面因素。

(1)人体基础数据

人体基础数据主要包含 3 方面:人体构造、人体尺度及人体的活动域。Mt. Titlis 控制台考虑了在不同空间与围护的状态下,工作人员动作和活动的安全性,以及对大多数人而言适宜的尺寸,并强调以安全为前提。

(2)对视觉要素的计测

人眼的视力、视野、光觉、色觉是视觉要素,人体工程学通过对视觉要素的计测得到的数据,为室内光照设计、室内色彩设计、视觉最佳区域等提供了科学的依据。

(3)室内环境中人的心理与行为

人在室内环境中的心理与行为尽管有个体差异,但从总体上分析仍然具有共性,有以相同或类似的方式做出反应的特点,这也是进行控制台设计的基础。

（4）附属件人性化体现

这方面因素包括液晶显示器支臂、工程学键盘、桌面边沿包边的处理。

（5）其他重点因素

①最佳视角、最佳视距、容膝空间、坐姿、手臂工作范围;

②不应使脊椎过度弯曲;

③头的姿势;

④腿部空间;

⑤手臂达到的空间;

⑥工作台面的高度调整;

⑦显示器支臂可灵活调节;

⑧键盘抽屉设置;

⑨专用工作灯设置。

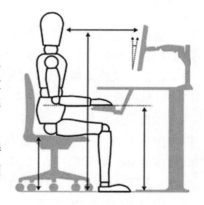

可根据实际需要在监控台台面下增加移动柜或设计弧形边柜,增加存储空间。可根据室内布局设计相匹配的款式,满足布局需要。可根据操作员的实际需求调整显示器的高低、左右位置及仰视角度。同时提供多款显示器支臂,包含进口高档气压调节棒。操作员只需要用手摆动显示器就可将显示器调整至适合的任意位置。人体工程学设计如图3.7所示。

图 3.7　人体工程学设计

3. 云服务控制台设计方案

为什么要提供控制台？云服务产品是以 PaaS 平台为主,辅以轻量级的 SaaS。当用户获得云服务产品后,如果不提供一套页面工具,用户无法确认云服务系统是否正常启动、IPC是否正常连接到系统等。因此云服务提供商需要提供一套控制台界面,让用户可视化地感知云服务系统。从功能上讲,控制台提供的服务需要区别于 PaaS 服务。PaaS 多是从应用服务出发而提供的接口,而控制台更多的是从管理设备和系统出发而提供的界面功能。

在私有云和公有云场景下,PaaS 和 SaaS 两套产品提供统一的解决方案,包括设备管理、服务管理和账号管理。

3.6.2　虚拟仪器网络测控系统平台

虚拟仪器是于 1986 年由美国国家仪器公司(NI)推出的一个程序开发工具。虚拟仪器包含插卡型、并行口式、GPIB 总线方式、VXI 总线方式等,并具有查看、修改数据、控制输入图形编程语言和图形化数据流语言的功能。

无论是对初学乍练的新手还是对经验丰富的程序开发人员,虚拟仪器在各种不同的工程应用和行业的测量及控制中广受欢迎,这都归功于其直观化的图形编程语言。虚拟仪器的图形化数据流语言和程序框图能自然地显示用户的数据流,同时地图化的用户界面可直观地显示数据,使用户能够轻松地查看、修改数据或控制输入。

美国国家仪器公司提出的"虚拟仪器"的概念,引发了传统仪器领域的一场重大变革,使得计算机和网络技术得以进入仪器领域,和仪器技术结合起来,开创了"软件即是仪器"的先河。

"软件即是仪器"是美国国家仪器公司提出的虚拟仪器理念的核心思想。从这一思想出发,基于电脑或工作站、软件和 I/O 部件来构建虚拟仪器。I/O 部件可以是独立仪器、模块化仪器、数据采集板(DAQ)或传感器。美国国家仪器公司拥有的虚拟仪器产品包括软件产品(如 LabVIEW)、GPIB 产品、数据采集产品、信号处理产品、图像采集产品、DSP 产品和VXI 控制产品等。

3.6.3　监控组态软件客户端

监控组态软件是指一些用于数据采集与过程控制的专用软件。它们是在自动控制系统监控层一级的软件平台和开发环境下,使用灵活的组态方式,为用户提供快速构建工业自动化控制系统监控功能的、通用层次的软件工具。

1. 软件介绍

监控组态软件(supervisory control and data acquisition, SCADA)俗称组态软件。组态软件的应用领域很广,可用于电力系统、给水系统、石油、化工等领域的数据采集、监视控制及过程控制等。组态软件在电力系统及电气化铁道上又称为远动系统(remote terminal unit system, RTU System)。组态软件起源于分布式控制系统(distributed control system, DCS。DCS 由仪器、仪表发展而来),发展于可编程逻辑控制器(programmable logic controller, PLC。PLC 是一种数字运算操作的电子系统,专为在工业环境应用而设计)。

2. 软件作用

组态软件应该能支持各种工业控制(简称"工控")设备和常见的通信协议,并且通常能提供分布式数据管理和网络功能。对应于原有的人机接口软件(human machine interface,HMI)的概念,组态软件应该是一个使用户能快速建立自己的 HMI 的软件工具或开发环境。在组态软件出现之前,工控领域的用户通过手工或委托第三方编写 HMI 应用,开发时间长,效率低,可靠性差;或者购买专用的工控系统,通常是封闭的系统,选择余地小,往往不能满足需求,很难与外界进行数据交互,升级和增加功能都受到严重的限制。组态软件的出现,把用户从这些困境中解脱出来。用户可以利用组态软件的功能,构建一套最适合自己的应用系统。随着组态软件的快速发展,实时数据库、实时控制、通信及联网、开放数据接口及对 I/O 设备的广泛支持已经成为其主要内容。随着技术的发展,监控组态软件将会不断被赋予新的内容。

3.6.4　可编程逻辑控制器设备控制端

可编程逻辑控制器(programmable logic controller, PLC)是一种专门为在工业环境下应用而设计的数字运算操作电子系统。它采用一种可编程的存储器,在其内部存储执行逻辑运算、顺序控制、定时、计数和算术运算等操作的指令,通过数字式或模拟式的输入、输出来控制各种类型的机械设备或生产过程。

可编程逻辑控制器作为一种具有微处理器的、用于自动化控制的数字运算控制器,可以将控制指令随时载入内存并进行储存与执行。可编程控制器由 CPU、指令及数据内存、输入/输出接口、电源、数字模拟转换等功能单元组成。早期的可编程逻辑控制器只有逻辑控制的功能,所以被命名为可编程逻辑控制器。随着技术的不断发展,这些当初功能简单的计算机模块已经有了包括逻辑控制、时序控制、模拟控制、多机通信等在内的各类功能,名称也改为可编程控制器(programmable controller),但是由于它的缩写"PC"与个人计算机(personal computer)的缩写相同,加上习惯的原因,人们还是经常使用"可编程逻辑控制器"这一称呼,并仍使用"PLC"这一缩写。

现在工业上使用的可编程逻辑控制器已经相当于或接近于一台紧凑型电脑的主机,在扩展性和可靠性方面的优势使其被广泛应用于目前的各类工业控制领域。不管是在计算机直接控制系统中还是集中分散式控制系统(distributed control system,DCS)中,或是在现场总线控制系统(fieldbus control system,FCS)中,总是有各类 PLC 被大量使用。PLC 的生产厂商很多,如西门子、施耐德、三菱、台达等,几乎涉及工业自动化领域的厂商都会有 PLC 产品提供。

【思考题】

1. 阐述智能测控仪器的设计实现过程。
2. 查阅资料,介绍一下无人机中有哪些智能测控仪器。
3. 介绍一下目前有哪些实用的云智能技术。

第4章 智能检测监控仪器

4.1 智能故障检测与诊断技术

机器学习已经成为当前发展技术的热点，由于机器学习具有快速处理大量数据、分析提取有效信息等优点，因此在故障检测与诊断技术中受到了越来越多关注。本节系统介绍了机器学习和故障检测与诊断的概念、分类，深入了解了基于主元分析法（principal component analysis，PCA）和随机森林的故障检测方法及其国内外研究现状，以及基于决策树、支持向量机及神经网络的故障诊断方法及其国内外研究现状，大数据时代背景下，机器学习在故障检测和诊断领域有着绝对优势。

随着科技的发展和制造工艺的进步，设备或系统的复杂度不断增加，在使用过程中的任何异常或故障不仅直接影响产品的使用，而且还可能造成严重的安全事故。经过长期的实践和经验积累，要使设备或系统能够安全、可靠、有效地运行，必须要对其进行故障检测与诊断。实践证明，坚持开展设备状态监测、有效地实施故障检测与诊断技术可以在早期发现故障，避免重大安全事故的发生，保障设备系统正常运行。1967年，美国国家航空航天局就开始关注故障诊断相关的研究，创立了美国机械故障预防小组（Machinery Fault Prevention Group，MFPG），标志着故障诊断技术的诞生。随后欧洲的发达国家和日本也开展了故障检测与诊断技术的研究。随着故障检测与诊断技术所产生经济效益和安全价值的不断增加，越来越多的研究人员投入其中，并使其得以迅速发展。目前故障检测与诊断技术已成功应用于航天、军事、核能、电力、化工、冶金等行业。

故障检测与诊断的终极目标是尽可能迅速、准确地检测出故障，并及时对检测出的故障做出判断，最后依据诊断结果采取相应的措施，一般评价指标有以下5个部分。

第一，实时性。在发生故障时，应迅速对故障的发生进行检测和判断。

第二，故障的误报率、漏报率和错报率。误报指的是未发生故障却报出故障；漏报指的是发生故障却未报出故障；错报指的是发生故障，但报出的故障信息与实际故障不一致。

第三，灵敏度和鲁棒性。灵敏度指的是对故障信号感应的灵敏程度。鲁棒性是指在干扰、噪声、建模等误差情况下稳定完成故障诊断任务的能力。

第四，故障定位能力。故障定位能力是指故障诊断系统区分不同故障的能力。

第五，准确性。准确性指对故障大小进行正确判断的程度。早期的故障检测与诊断主要依赖于专家或技术人员的决策，然而专业人员容易受到压力、疲劳、心理因素、自身知识水平、技能等的影响,可能做出与实际状态相差较大的分析,从而产生错误的判断。随着传感器、无线通信、移动终端、计算机等的发展,基于模型的故障诊断方法最先发展起来,这种方法需要针对待测对象建立精确的数学模型,需要完整认识待测对象的深层知识,不依赖于历史数据或已知的故障数据,因此可以诊断出未知的故障。随着技术的不断进步,待测对象不断复杂化、大型化、非线性化、系统化,建立精确的数学模型的难度越来越大,各设备之间存在的耦合也会使模型建立的难度成指数倍增加。基于信号处理的方法不需要精确的数学模型,回避了基于模型的故障诊断方法的难点,而是基于待测对象的信号模型,分析测得的信号数据并提取特征信号值,根据特征值是否异常来判断待测对象是否发生故障。该方法基本不依赖于待测对象的模型,既适用于线性系统又适用于非线性系统,但是它只是对待测对象的信号数据进行分析,对系统高维信号之间的耦合性和关联度的挖掘不够,没有更加深入地利用待测对象的深层信息。随着传感器技术、计算机技术、工艺技术和网络技术的迅猛发展,人类对知识的认识、管理和应用水平的提高使得设备或系统数据的获取、存储、传输、加工、分析和利用得到了有效提升,其中机器学习具有快速处理大量数据、分析并提取有效信息等优点,已被越来越多地应用于故障检测与诊断技术中。鉴于机器学习技术的发展日新月异,国内基于机器学习的故障检测与诊断技术的相关研究仍处于起步阶段,缺乏系统介绍,与当前基于深度学习或某一确定方法的故障诊断的综述性文章相比,本节系统地从机器学习在故障检测与诊断领域的应用中的基本概念、国内外现状、算法模型分类比较、关键技术及未来发展等若干层次对当前的相关研究进行说明,为进一步深入研究及拓展故障检测和诊断的机器学习算法模型奠定了基础。

4.1.1 基于机器学习的故障检测与诊断

机器学习的概念及分类等基础知识已在第2章中进行了详细阐述,本节不再做相关介绍。下面对故障检测和诊断技术进行简要介绍。

随着生产制造技术的快速发展,许多设备和系统的结构已变得越来越复杂,由于各种复杂性和运行因素(自身磨损、外部环境)的影响,设备的性能和系统的状态会随着使用时间的增加而逐渐退化,若不及时进行状态监测和故障诊断,必将发生故障,而一旦出现故障,最终可能会导致严重的安全事故。为提高设备或系统的安全性和可靠性,故障检测与诊断技术应运而生。故障检测与诊断技术包括故障检测、故障分离和故障识别、故障决策,能够判断设备或系统的状态是否正常、故障发生的时间和位置,确定故障的类型,并在分离出故障后确定故障的大小和特性,给出发生故障后的解决措施。故障检测主要是判断设备或系统是否发生了故障和指明发生故障的时间。故障检测主要起监控作用,当故障发生时,系统或设备的输出参数便会偏离正常的目标参数,甚至超出给定的阈值范围。故障检测技术利用这些提取到的故障数据或处理后的故障数据进行故障检测,这些故障数据信息包含过程故障或系统故障的特征,所以可以用来检测系统的运行过程是否发生故障,然后根据故障发生的情况确定故障发生的时间。清华大学教授周东华从故障诊断的角度分析提出了定性分析方法和定量分析方法,前者分为图论方法、专家系统方法及定性仿真,后者分为基于解析模型的方法和基于数据驱动的方法,故障检测方法分类如图 4.1 所示。

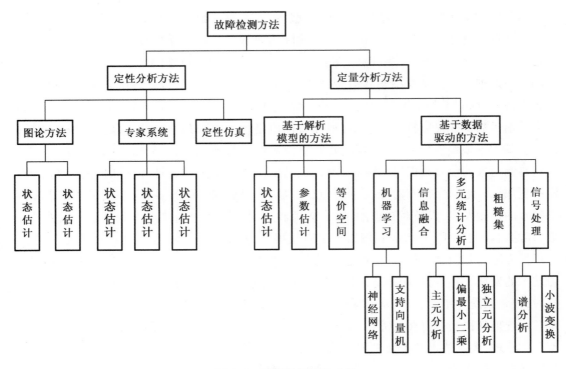

图 4.1 故障检测方法分类

故障诊断是指当设备或系统出现故障时,依据其实际的状态及表征参数的变化判断是否发生故障,若发生故障就确定故障的位置、大小、时刻、原因等信息。故障诊断的最终目的是尽可能迅速、准确地检测出故障,并对该故障做出分离和判断,最终依据诊断结果给出需要采取的相应措施。根据采用的特征描述和决策方法的差异,故障诊断方法可以划分成基于知识的方法、基于解析模型的方法、基于信号处理的方法,如图 4.2 所示。

4.1.2 机器学习算法在故障检测方法中的应用与发展

机器学习的目标是通过某种机器学习算法得到输入、输出间的关系,并能够利用这种关系依据给定的输入尽可能准确地给出系统未知的输出。而故障检测与诊断的目的就是利用测试数据(传感器、文字、语音、视频等)寻求测试数据和故障之间的联系,因此可以认为故障检测与诊断在本质上也是一个机器学习问题。随着技术的不断进步,当前工业过程可以获得大量的状态数据,而机器学习正好能通过算法模型对这些数据进行处理,从而实时检测整个过程中的设备或系统的故障状态,并能够基于数据对设备或系统进行故障诊断。故障检测是故障诊断的前提,前者用来确定系统是否发生了故障及发生故障的时间,而后者是在检测出故障之后确定故障的类型或位置。机器学习在故障检测领域的应用主要包括主元分析法(PCA)、随机森林等。

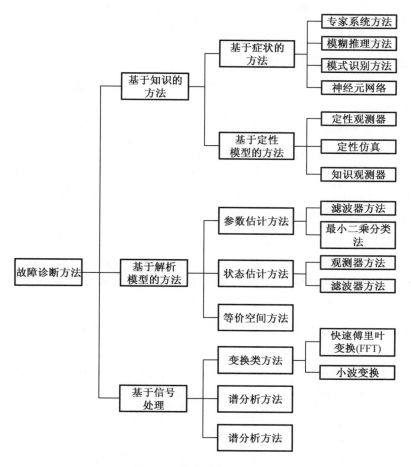

图 4.2 故障诊断方法分类

（1）主元分析法（PCA）

在实际故障检测中，通常会选择能够反映研究对象的变量来进行观测，而系统结构日益复杂、变量信息过多会增加研究对象的复杂性。

PCA 是将获得的待测对象的高维历史数据组成一个矩阵，进行一系列矩阵运算后，确定若干正交向量（向量个数远小于维数），历史数据在这些正交向量上的投影反映了数据变化最大的几个方向，舍去数据变化较小的方向，由此可将高维数据降维表示。将 PCA 用于故障检测的主要思想是对于在正常过程中获得的数据，最大限度地保持原有信息不受损失，将这些数据高度相关的过程变量投影到低维空间中，获得能够表述系统内部关系的几个主要成分，即主元模型。即把多个不同的相关量换成少量几个独立的变量，并对这几个独立变量进行统计检验分析，进而判断系统是否偏离正常工况。用这些数据来判定实际研究对象中 T^2 统计量、残差空间的平方预测误差（squared prediction error，SPE）统计量等是否超过已设定的过程监控指标，从而判断系统是否发生故障。

PCA 已经成功应用于化工过程、半导体过程、机械过程、废水处理、核工业过程、空气检测处理等。余莎莎等提出了基于 PCA 模型的故障检测方法，根据平方预测误差和其阈值大小的比较,利用该方法成功建立了空调系统故障检测模型,用来判断系统是否发生故障;周福娜等基于 PCA 故障检测方法,通过分析检测数据和主元模型之间的差异来判断系统是否出现故障。

PCA 对数据降维处理有着绝对优势,但仍存在两个问题。一是线性分解方法压缩和提取不充分;二是线性方法的结果不可靠,在较小的主元中可能含有重要的非线性信息,导致重要信息的丢失,因此可以结合其他方法进行优化。为了克服传统主元分析法因模式复合现象而无法进行多故障诊断和诊断结果难以解释的不足,周福娜等提出了指定元分析(designated component analysis,DCA)的方法,建立了多故障诊断理论的空间投影框架,这种方法可以将检测出的异常转化为观测数据在故障子空间上的投影能量的显著性检测问题,这种方法能够有效解决指定模式非正交情况下的多故障诊断问题。梁艳等针对实际化工过程会受到不同程度非高斯扰动影响的问题,提出一种基于广义互熵主元分析的故障检测方法,并将其应用于田纳西 – 伊斯曼过程进行故障检测,与传统 PCA 方法对比后,发现该方法在处理非高斯的故障检测方面表现出良好的性能,有较低的误报率和漏报率。吕照民等提出使用聚类原则将研究对象划分成子空间,使用贝叶斯方法融合子空间的信息进行决策,在青霉素发酵过程中验证该方法,并与多向主元分析(multiway principal component analysis,MPCA)进行对比,有效提高故障检测的正确率。

(2)随机森林方法(random forest,RF)

美国科学院院士 Breiman 等人在 2001 年提出随机森林算法,这种算法集成了分类与回归决策树(classification and regression tree,CART)。随机森林是 Bagging 的一个扩展变体,而 Bagging 是并行式集成学习方法最著名的代表。给定包含 m 个样本的数据集,随机取一个样本放入采样集中,再将其放入初始数据集,使得下次采样仍能被选中,经 m 次取样后得到 m 个采样集,初始训练集中有的样本在采样集中多次出现,有的从未出现,采样出 T 个含 m 个训练样本的采样集。基于每个采样集训练一个基学习器,再结合上述基学习器,使用简单投票法对分类任务进行预测输出,使用简单平均法对回归任务进行预测输出。随机森林以决策树为基学习器构建 Bagging 集成,传统决策树在选择划分属性是在当前节点的属性集合(d 个)中选择一个最优属性;在随机森林中,先从决策树中的每个节点的属性集合中随机选择一个包含 m 个属性的子集,再从子集中选择一个最优属性用于划分,其中 k 控制了随机性的引入程度。随机森林因算法简单、容易实现、计算量小、处理高维度数据及分类速度快等特点,被用于故障检测中。

Lee S 和 Ahmad I 等提出了一种基于数据的电力电缆系统的故障诊断系统,利用小波分析和倒谱分析得到特征变量,比较了 k 近邻、k 最近邻(k-nearest neighbor,KNN)、人工神经网络(artificial neural network,ANN)、随机森林、CART 及增强型 CART 六种方法;Lee S 利用相似性度量和随机森林算法对航空系统进行故障检测,使用距离信息设计了相似性度量,通过随机森林算法进行相似性度量权重计算,并提供数据优先级;Oh J 等使用随机森林分析了神经元数据集,并衡量了数据中每个输入变量之间的相对重要性,可以极大地减少变量的数量,保留原始数据的可识别性;Quiroz J C 提出一种基于随机森林算法的直线启动永磁同步电机(LS – PMSM)故障检测方法,基于随机森林算法得到电机的特征数据的特征重要性排序,使得输入模型的特征数量降低,并将其与决策树、朴素贝叶斯分类器、逻辑回归及支持向量机等进行比较,随机森林的进度更高,可将该方法应用于工业生产过程的状态监测。

随机森林方法可以对故障进行有效的检测,但是没有考虑到数据之间的自相关和互相关关系,大量的耦合特性会影响随机森林模型的精度。同时,由于随机森林方法至少需要两类数据进行训练,现有的单类随机森林方法采用原始投票多数方法检测故障,没有构建相应的统计量,因此当数据量有限且变量之间存在耦合时,单类随机森林方法无法很好地实现及时、有效的故障检测,因此需要对随机森林算法进行改进和优化。Cerrada M 提出基于遗传算法的特征获取与随机森林模型相结合的齿轮故障检测方法,利用遗传算法从振动信号中提取时间、频率和时域的特征子集,将其应用于随机森林的训练,直到随机森林模型的性能达到最佳。针对单棵决策树模型分类方法精度不高、容易出现过拟合等问题,郝姜伟等提出使用组合单决策树来提高计算精度的随机森林算法,并将其应用于飞机发动机的故障检测中。曹玉苹等提出一种新的基于动态单类随机森林的故障检测方法,这种方法针对高维化工过程中存在的非线性和动态特性,根据正常状态下的过程数据的反分布产生离群点数据,同时利用典型变量分析的方法对正常数据进行相关性分析,利用典型变量空间数据(正常数据和离群点数据在典型变量空间的投影)训练随机森林。陈宇韬等提出一种基于极端森林的故障检测方法,该方法利用 Pearson 相关性分析去掉线性相关性较弱和非主要特征的变量,使得样本维度降低,利用最大信息系数获得主要特征参数的相关系数,消除冗余变量以提高故障检测精度,已成功应用于大型风电机组发电机的故障检测,结果说明该方法具有更低的漏报率、误报率和更好的实时性。

4.1.3 机器学习算法在故障诊断领域的应用与发展

故障诊断技术发展至今,已经有较多方法,从开始的基于解析模型方法到现在的基于机器学习方法。在不需要太多的先验知识及系统精确解析模型的情况下完成系统的故障诊断方面,机器学习拥有很广泛的应用空间,其在故障诊断领域的应用主要包括决策树、神经网络和支持向量机等。

1. 基于决策树的故障诊断方法

决策树(图 4.3)是一种基本的分类与回归方法。一般来说,一棵决策树包含根节点、内部节点和叶节点。叶节点对应事件的决策结果;内部节点对应一个属性测试;根节点包含的样本全集根据属性测试的结果被划分到节点中,从根节点至每个叶节点的路径对应了一个判定测试序列。决策树的构造是一个递归的过程,有 3 种情形会导致递归返回。

(1)当前节点包含的样本全属于同一类别,这时直接将该节点标记为叶节点,并设为相应的类别(无须划分)。

(2)当前属性集为空,或是所有样本在所有属性上取值相同,这时将该节点标记为叶节点,并将其类别设为该节点所含样本最多的类别。

(3)当前节点包含的样本集合为空,这时也将该节点标记为叶节点,并将其类别设为父节点中所含样本最多的类。

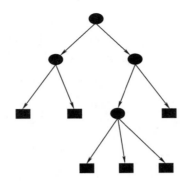

图4.3 决策树结构

对决策树可以进行自学,不需要任何专家知识,可以根据设备自行生成决策系统。决策树算法是以实例为基础的归纳学习算法,因表达的知识简单直观、高推理效率、易于提取显示规则、计算量相对较小、可以显示重要决策属性和较高的分类准确率等优点而得到广泛的应用。董明提出了一种利用属于模式识别范畴的决策树 C4.5 法进行油浸式电力变压器故障诊断的方法,实现了变压器故障由粗到细的逐级划分,有利于提高诊断的准确性。Wang D 提出了基于集成决策树电网故障诊断方法,使用属性选择机制将大量的电力信号属性组成子集,每个子集都是经过训练的单独决策树,和多个决策树模型一起投票进行电网故障诊断,结果表明该方法有较高的稳定性和准确性。王小乐等提出了一种基于决策树的在轨卫星故障诊断的知识挖掘方法,能够在提高知识的准确率同时降低误警率。黄震等针对燃料电池发动机的故障诊断,提出一种结合了 C4.5 决策树和故障诊断专家系统的诊断方法:对原始数据进行数据预处理和特征选择后,将其导入训练集,将规则存储在知识库,对故障进行分类,实现对燃料电池的故障诊断。决策树算法在信息增益进行选择时,可能出现偏向问题,即会对取值较多的属性有所偏向,在某些特殊的情况下,通过其确定出的信息的使用价值并不高,因此可以与其他算法结合,更好地实现故障诊断。刘伟等提出一种基于决策树与模糊推理脉冲神经网络的输出电网故障诊断方法,结果表明该方法在单类型和多类型故障信息丢失时,依然能够正确诊断出故障元件。王同辉等针对某型号的变流器在工作过程中出现逆变过流故障的原因进行分析,提出了一种基于 EOVW(energy of variation wavelet)指数(即调整的小波分解能量值)和决策树相结合的系统诊断方案,利用小波分析算法提取变流器的输出电压、电流等信号特征,基于决策树的数据挖掘思维和分类功能,实现了对变流器逆变过流故障的识别和有效定位。Sumana 等基于案例推理的方法设计,采用决策树和 Jaccard 相似度算法,其中,决策树用于将案例存储到案例库中,Jaccard 相似度算法用于计算新案例和存储案例之间的相似度,将案例聚类成决策树,有利于与提高汽车故障诊断的效率。

2. 基于支持向量机的故障诊断方法

支持向量机(support vector machine,SVM)是一种基于统计学习理论的有监督学习方法,在 1995 年由俄罗斯教授 Cortes 和 Vapnik 提出,由于其在分类任务中的卓越性能,很快成为机器学习的主流技术。与传统学习方法不同,支持向量机通过寻求最小结构化风险来提高学习机的泛化能力,实现经验风险和置信范围的最小化,在统计样本量较小的情况下,达到良好地统计规律的目的,主要用于分类和回归问题。例如,训练样本中有两类标识过的样本点(图 4.4),根据支持向量机算法建立的训练模型,可以用实心点和空心点代表两类样本,H 代表最优分类线,H_1 和 H_2 与 H 平行,并且同时经过距离最优分类线最近的点。分类间隔指的是 H_1 和 H_2 之间的距离。对于高维数据集(N),则需要 $N-1$ 维的对象对数据进行分隔,这个对象就是超平面。从概念上说,支持向量是那些离分隔超平面最近的数据点,它们决定了最优分类超平面的位置。支持向量机的目标就是最大化支持向量到分隔面的距离,求解最优超平面(能够将样本数据准确地分开,同时使得分类间隔最大)。支持向量机在小样本、高维模式识别及非线性问题中所表现出的优异性能在故障检测与诊断领域引起了广泛研究。

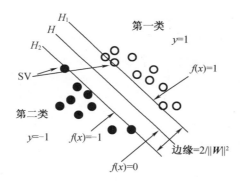

图 4.4 支持向量机最优超平面

Poyhonen S 等将支持向量机算法应用于在电机故障诊断,成功将电机健康功率谱和故障功率分类,识别出故障。高君峰等将 SVM 用于往复式泵阀门的故障诊断中,能够识别和诊断故障阀门的故障类型和位置,与 BP 神经网络(误差反向传播算法简称 BP 算法,其训练的多层前馈网络即为 BP 神经网络)相比,SVM 在机械故障检测中具有更大的优势。肖健华分析了支持向量机模式分类的原理,指出最优分类面上的样本相对于两类误判而言是等概率的而非等风险的,提出了诊断可信度函数,并在特征空间中对最优分类面进行重新设计。胡寿松根据 SVM 能在训练样本很小的情况下达到分类推广的作用,将其作为残差分类器得到故障检测与诊断信息。

3. 基于神经网络的故障诊断方法

现代设备日趋大型化、复杂化、自动化和连续化,在设备或系统工作过程中采集的数据通常具有维度高、数据大(在每个采样时间点可能得到几十或上百个维度),时间序列鲜明及数据集不平衡 3 个特点。神经网络具有自学习能力、非线性映射能力、对任意函数逼近能力、并行计算能力和容错能力,正好可以基于这些数据进行故障诊断。

神经网络用于故障诊断的步骤通常如下。

（1）通过信号监测与分析，抽取反映被测对象的特征参数作为网络的输入。

（2）对被测对象的状态进行编码。

（3）进行网络设计，确定网络层数和各层神经元数。

（4）用各种状态数据组成训练样本，输入网络并进行训练，确定个单元的连接权值。

（5）把待测队长的特征参数作为网络的输入，根据输出确定待测对象的状态类别。

4.2　工业设备智能状态监测

企业的智能设备信息化可为企业提供全面的设备资产资源配置。智能管控云服务平台以设备连接、故障诊断为核心，通过智能设备信息化对企业的设备运行状态和工况监测、故障诊断和预测、维修决策、优化操作、指导机器改进及其设计等实施工业企业内的全过程管理。在实施项目中，除了可提供数据采集与检测的硬件外，还可提供软件，如设备资产、综合监测、综合评价、智能诊断、设备维护、维修管理、备件管理、统计分析等模块，涵盖企业智能设备信息化管理的方方面面。智能设备能源管理系统从两个维度协助企业进行设备管理，即资产管理和设备在线监测。

4.2.1　资产管理

（1）设备信息

资产管理的基础是统计资产，实现对设备信息的维护及统计，包括不同类型设备的完好数、总数统计，各车间设备统计，以及固定资产状态统计。

（2）固定资产管理

对于企业固定资产的报废、调拨、处置、出租、封存、启封等状态变更进行信息化管理维护。

（3）使用维护

企业建立规程、规范、标准，建立统一的操作规程、小修规程、定保规程、安全标准化规范、体系规范、定期检修规程等，为小修、定保、安全检查、检修、体系审核等业务的开展提供依据。

（4）故障修理

发生异常情况后，设备的使用者可通过手机端现场进行工单上报；管理者接收到工单后会将其分配给对应的维修人员并通过微信平台告知；维修人员到达现场并勘查明确问题后，完成修理并填写报告，反馈给上报者及管理者，完成工单。

4.2.2　设备在线监测

（1）设备状态监测

利用信息化手段，对设备状态进行实时远程监测，将设备实时信息回传平台，提供电流、电压、负荷，温度等指标数据的实时查看。

（2）数据智能分析

在获得监测数据后，利用各维度数据的统计分析，包括设备故障次数排名、故障时长排名、故障推移图、设备完好率、设备利用率等，进行预防维护及设备调配，降低设备维修成本，提高设备利用率。

上述功能可以帮助管理者实现智能化的设备状态管理（图4.5），简化日常工作流程，为企业的智能化、信息化发展添砖加瓦。

图4.5　智能化的设备状态管理

4.3　无损检测技术及其应用

4.3.1　无损检测概述

无损检测（non-destructive testing，NDT），就是利用声、光、磁和电等特性，在不损害或不影响被检对象使用性能的前提下，检测被检对象中是否存在缺陷或不均匀性，给出缺陷的大小、位置、性质和数量等信息，进而判定被检对象所处技术状态（如合格与否、剩余寿命等）的所有技术手段的总称。

与破坏性检测相比,无损检测具有以下显著特性:非破坏性、全面性、全程性、可靠性。

开展无损检测的研究与实践的意义是多方面的,主要表现在以下几方面:

(1)改进生产工艺

采用无损检测方法对制造用原材料直至最终的产品进行全程检测,可以发现某些工艺环节的不足之处,为改进工艺提供指导,从而也在一定程度上保证了最终产品的质量。

(2)提高产品质量

无损检测可对制造产品的原材料、各中间工艺环节直至最终的产品实行全过程检测,为保证最终产品的质量奠定了基础。

(3)降低生产成本

在产品的设计和制造阶段,通过无损检测,可将存有缺陷的工件及时清理出去,免除后续无效的加工环节,减少原材料和能源的消耗,节约工时,降低生产成本。

(4)保证设备的安全运行

由于破坏性检测只能是抽样检测,不可能进行100%的全面检测,因此所得的检测结论只反映同类被检对象的平均质量水平。无损检测则相反。

此外,无损检测技术在食品加工领域,如材料的选购及对加工过程中食品品质的变化、流通环节中食品的质量变化等过程的检测中,不仅起到保证食品质量与安全的监督作用,还在节约能源和原材料资源、降低生产成本、提高成品率和劳动生产率方面起到积极的促进作用。作为一种新兴的检测技术,无损检测有无须大量试剂,不需要进行前处理工作且试样制作简单,可即时检测并可在线检测,不损伤样品,无污染等优点。

无损检测技术在工业上有非常广泛的应用,如航空航天、核工业、武器制造、机械工业、造船、石油化工、铁道和高速火车、汽车、锅炉和压力容器、特种设备及海关检查等。"现代工业是建立在无损检测基础之上"并非言过其实。

4.3.2　无损检测分类及简介

无损检测分为常规检测技术和非常规检测技术。常规检测技术有超声检测(ultrasonic testing,UT)、射线检测(radiographic testing,RT)、磁粉检测(magnetic particle testing,MT)、渗透检验(penetrant testing,PT)、涡流检测(eddy current testing,ET)。非常规检测技术有声发射(acoustic emission,AE)、红外检测(infrared,IR)、激光全息检测(holographic nondestructive testing,HNT)等。

下面对上述常规检测技术及非常规检测技术做简要介绍。

1. 超声检测

超声检测的基本原理是利用超声波在界面(声阻抗不同的两种介质的结合面)处的反射和折射以及超声波在介质中传播时的衰减。由发射探头向被检件发射超声波,由接收探头接收从界面(缺陷或本底)处反射的超声波(反射法)或透过被检件后的透射波(透射法),以此检测备件部件是否存在缺陷,并对缺陷进行定位、定性与定量。

超声检测主要应用于对金属板材、管材和棒材,铸件、锻件和焊缝,以及桥梁、房屋建筑等混凝土构件的检测。

2. 射线检测

射线检测的基本原理是利用射线（X 射线、γ 射线和中子射线）在介质中传播时的衰减特性。当将强度均匀的射线从被检件的一面注入时，由于缺陷与被检件基体材料对射线的衰减特性不同，透过被检件后的射线强度将会不均匀，用胶片照相或用荧光屏直接观测等方法在其对面检测透过被检件后的射线强度，即可判断被检件表面或内部是否存在缺陷（异质点）。

目前，射线检测主要应用于对机械兵器、造船、电子、航空航天、石油化工等领域中的铸件、焊缝等的检测。

3. 磁粉检测

磁粉检测的基本原理是由于缺陷与基体材料的磁特性（磁阻）不同，穿过基体的磁力线在缺陷处将产生弯曲并可能逸出基体表面，形成漏磁场。若缺陷漏磁场的强度足以吸附磁性颗粒，则将在缺陷对应处形成尺寸比缺陷本身更大、对比度也更高的磁痕，从而指示缺陷的存在。

目前，磁粉检测主要应用于对金属铸件、锻件和焊缝的检测。

4. 渗透检测

渗透检测的基本原理是利用毛细管现象和渗透液对缺陷内壁的浸润作用，使渗透液进入缺陷中，将多余的渗透液渗透后，残留缺陷内的渗透液能吸附显像剂，从而形成对比度更高、尺寸放大的缺陷显像，有利于人眼的观测。

目前，渗透检测主要应用于对有色金属和黑色金属材料的铸件、锻件、焊接件、粉末冶金件，以及陶瓷、塑料和玻璃制品的检测。

5. 涡流检测

涡流检测的基本原理是将交变磁场靠近导体（被检件）时，由于电磁感应在导体中将感生出密闭的环状电流，此即涡流。该涡流受激励磁场（电流强度、频率）、导体的电导率和磁导率、缺陷（性质、大小、位置等）等许多因素的影响，并反作用于原激励磁场，使其阻抗等特性参数发生改变，从而指示缺陷的存在与否。

目前，涡流检测主要应用于导电管材、棒材、线材的探伤和材料分选。

6. 声发射检测

声发射检测的基本原理是利用材料内部因局部能量的快速释放（缺陷扩展、应力松弛、摩擦、泄露、磁畴壁运动等）而产生的弹性波，用声发射传感器级二次仪表获取该弹性波，从而对试样的结构完整性进行检测。

目前，声发射检测主要应用于锅炉、压力容器、焊缝等试件中的裂纹检测，隧道、涵洞、桥梁、大坝、边坡、房屋建筑等的在役检（监）测。

7. 红外检测

红外检测的基本原理是用红外点温仪、红外热像仪等设备，测取目标物体表面的红外辐射能，并将其转变为直观形象的温度场，通过观察该温度场均匀与否，来推断目标物体的表面或内部是否有缺陷。

目前,红外检测主要用应于对电力设备、石化设备、机械加工过程的检测,火灾检测,农作物优种,对材料与构件中的缺陷的无损检测。

8. 激光全息检测

激光全息检测是指利用激光全息照相来检验物体表面和内部的缺陷。它是将物体表面和内部的缺陷,通过外部加载的方法在相应的物体表面造成局部变形,用激光全息照相来观察和比较这种变形,然后判断出物体内部的缺陷。

目前,激光全息检测主要应用于航空、航天及军事等领域,对一些常规方法难以检测的零部件进行检测。此外,激光全息检测在石油化工、铁路、机械制造、电力电子等领域也获得了越来越广泛的应用。

4.3.3 超声波传感器在无损检测中的应用

声波通常指能引起听觉的机械波,由物体振动产生,频率在 20 Hz ~ 20 kHz。频率小于 20 Hz 的声波称为次声波,虽然无法被人耳听到,但可与人体器官发生共振。频率超过 20 kHz 的声波称为超声波,检测中常用的超声波频率为几十千赫到几十兆赫。超声波是一种在弹性介质中的机械振荡,传播波型主要可分为纵波、横波、表面波 3 种。超声波具有以下基本特性:传播速度与介质的密度、弹性特性和环境条件有关;通过两种不同介质时,会产生反射和折射现象;随着在介质中传播距离的增加,介质吸收能量,超声波的强度有所衰减。超声波传感器利用晶体的压电效应和电致伸缩效应,可将电和能相互转换,实现对各种参量的测量。超声波传感器搭配不同的电路制成的各种超声波仪器和装置,广泛应用于工业生产、医疗、家电等许多领域中。超声波无损探伤具有应用方便、适用性强、准确率高、易自动化等许多优点。

4.4 智能视频监控系统

4.4.1 安防监控系统智能化的必备功能与实现方法

1. 安防监控系统智能化的必备功能

随着网络传输技术、图像编/解码技术的发展,大型的网络安防监控系统在全国各地被迅速地建设起来。尤其是平安城市建设项目,不仅需要满足治安管理、城市管理、交通管理、应急指挥等需求,而且要兼顾灾难事故预警、安全生产监控等多方面的需求,同时还要考虑报警、门禁等配套系统的集成及与广播系统的联动等。但根据现有技术建立的庞大的网络化的安防监控系统,已不可能只是实时监控系统,实际上还是一种事后取证的系统。虽然,这种大型的网络安防监控系统有大量的摄像机,可以得到大量的图像,但仅依靠人工来观察并提取有价值的信息,效果会很差,因而在很大程度上失去了监控系统的预防与积极干预的功能。因此,必须借助计算机强大的数据处理功能,对海量的视频画面数据进行高速分析,将监控者不需要关注的信息过滤掉,仅提供人与物异常等关键信息。一旦发现异常即触发启动录像,并进行预警或报警,使可能发生的事故被制止,从而保障人民的生命和财产安全。显然,这样的系统才是我们追求的安防监控系统,即智能网络安防监控系统。

从技术角度来看,这种系统将向着适应更为复杂和多变的场景发展,向着分析与识别更多的行为和识别异常事件的方向发展,向着真正基于场景内容分析的方向发展,向着更低成本的方向发展。随着市场和技术的日趋成熟,智能网络安防监控系统必将在各个城市的各行各业中得到大面积推广,将来甚至会走进千家万户。

智能化是数字化、网络化安防监控系统构建新型安全防范及保障系统的必由之路。因此,智能化既是平安城市建设的需要,也是现代信息社会发展的需要。

目前,网络视频监控系统需具有智能化的视频分析、处理与识别功能。

2. 安防监控系统智能化的实现方法

实际上,网络视频监控系统是以计算机网络架构为基础,以网络摄像机或编码器为前端设备,再加载视频管理软件的服务器、工作站作为后端管理平台与终端设备而形成的一种视频监控系统。在这种网络视频监控系统的基础上,加载智能化功能从而形成智能安防视频监控系统。安防监控系统智能化的实现方法主要有以下几种。

(1)通过系统前端设备实现智能化功能

这种实现方式是指通过前端网络视频设备对视频信息进行智能分析,实现相应的智能视频功能。在这种系统中,前端网络视频设备主要通过嵌入的智能软件,实现对拍摄的视频进行分析、处理、识别。这样,系统的压力就分散在各个前端网络视频设备上。但是,由于所有的智能分析与识别功能都通过前端网络视频设备实现,而前端网络视频设备本身的CPU资源有限,所以往往需要提高前端网络视频设备的配置或使用专用的视频分析仪器共同发挥作用,以实现在前端进行视频分析与识别的功能。

实际上,嵌入在前端网络摄像机内部的智能视频分析与识别服务,充分利用了网络摄像机富余的CPU资源,以实现内置的移动侦测功能和视频遮挡、视频模糊等较为简单而基本的功能,因为这些功能无须大量的视频分析计算且易于在前端实现,也无须添加任何辅助分析仪器,从而实现在摄像机的焦距丢失、视频丢失、摄像机被遮挡、镜头被喷涂等情况下的主动预/报警,以及对重点区域的移动侦测功能。同时,利用网络摄像机集成数字I/O端口,即可在前端实现与报警器、防盗防火探测器、门禁等联动的功能,满足综合安保一体化。

(2)通过系统后端软件平台实现智能化功能

这种实现方式是指通过运行在后端服务器的视频管理软件,对前端网络摄像机传输回来的视频流进行智能化的分析,从而实现对前端网络视频信息的智能化处理与识别。在采用这种智能视频监控实现方式的系统中,前端网络视频设备的职责是完成摄像的基本功能,只负责将前端网络摄像机拍摄的视频信息传输至后端,而不进行任何分析工作。这样前端网络视频设备的压力很小;相反,后端服务器或后端管理软件不但需要负责日常视频的实时浏览,视频录像、回放和日志事件的管理,还需要负责对各视频进行智能分析与识别。除了要实现如移动侦测、视频遮挡、视频模糊等简单而基本的智能功能与联动触发预/报警等功能外,还要实现人与物异常行为及人脸与步态捕捉、车牌识别等高端的应用性智能功能。

在大型视频监控系统中,采用这种实现方式给后端管理资源带来较大的压力,需要通过提高后端设备的性能来缓解,如提高服务器配置、增加服务器数量等。

这样在后端服务器,视频管理平台需将资源集中于系统集成性上,实现视频监控系统、应用全球定位系统(global positioning system,GPS)电子地图系统、警务管理系统及办公管理系统、电话系统等的无缝集成,从而在发生前端视频异常或报警时,通过 Outlook 向相关人员发送电子邮件,上传图像,同时通过 GPS 电子地图实现对地点的精确定位,并联动警务系统查找相关区域的负责警员,再由电话系统自动拨打警员电话,通知其迅速响应。

(3)通过系统前、后端设备实现智能化功能

将智能化功能分别加于系统前、后端设备来实现智能化功能,即采用系统前、后端相结合的实现方式,这是一种折中的方式,也是较为合理和平衡的智能视频监控的实现方式。一方面,该方式充分利用前端网络视频设备所富余的 CPU 资源实现部分简单而基本的智能视频监控功能;另一方面,后端视频软件则集中资源实现更高端的或更面向高层应用的智能视频监控功能,如对人的面相、步态和车型、车牌的识别,对人与物异常行为的识别等。在这样的智能安防监控系统中,智能视频监控的压力更为均衡地分布在前端的网络视频设备和后端的管理服务器上,每个设备各尽其职,使系统架构更为合理。

在智能网络安防监控系统中,不仅要求实现对地铁车辆、公交车辆及各个地铁、公交车站的社会活动进行智能监控,还要求实现视频遮挡报警、视频丢失报警、重点区域移动侦测预/报警等,摄像机联动相应区域的报警器及门禁、防盗和防火探测器,实现视频监控系统与 GPS、地理信息系统(geographic information system,GIS)电子地图及警务系统相结合的智能化应用。

显然,对于这些需求,单纯采用后端视频分析的方式难以满足,因为成千上万的视频源所带来的巨大的视频分析压力,需要数量巨大的后端管理资源来承担,这使得成本难以估量;而单纯采用前端分析的方式,难以实现更多高端的应用智能功能,以及与 GPS、GIS 电子地图和警务系统集成的功能。采用前端与后端相结合的实现方式则能很好地满足用户的需求。

只有将智能视频监控功能均匀地分布在视频监控系统的各个环节,才能达到既高效又平衡的高性价比效果,从而真正将网络视频监控的优势提高到一个新的层次。因此,一套对用户实用的智能视频监控产品一定要具备低误报率和漏报率,要能够对前端的视频流进行分析、处理与识别,以及具有功能丰富而完善的整合集成等特点。

4.4.2　安防监控系统智能化产品形态

由以上论述可知,网络视频监控系统急需智能化,因为智能网络安防监控系统不但能

感知前端摄像机的视频变化,能联动相应防区的安全防范设备,还能对从前端接收的视频流进行智能分析,并在此基础上实现所需要的各种应用。例如,实现车速检测、车型与车牌识别等电子警察与智能交通功能;实现人脸、步态与声音识别等功能;实现人与物的异常动作捕捉,如对可疑滞留爆炸物体与绑架等恶性事件的预/报警,以及自动跟踪等功能;利用带十字标尺摄像机对固定视频进行分析,从而实现对危房倾倒和水灾等灾害的预/报警等功能。

因此,智能视频监控系统不仅可用于事后搜寻犯罪嫌疑人,而且可用于预防与阻止灾害和犯罪事件的发生。

智能软件算法应加载在什么设备上?这也是各安防公司技术人员所关心的问题。由于应用千差万别,智能视频监控系统将表现出以下几种产品形态:一是将智能处理算法加载在网络摄像机内,以形成智能网络摄像机;二是将智能处理算法加载在网络视频服务器(DVS/NVS)上,以形成智能视频服务器;三是将智能处理算法加载在网络硬盘录像机(DVR/NVR)内,以形成智能网络硬盘录像机;四是将智能处理算法以软件的方式与视频监控管理软件放在一起,实现对视频的集中式分析和处理,以构建智能视频分析处理与识别平台。

4.4.3 声音识别技术及其智能应用方案

众所周知,在现代的信息社会里,信息的载体有语言文字、声音、图形与图像及影视等。但信息的主要载体是语言文字,它传递的信息占全部信息量的80%以上。因此应用计算机对语言文字进行处理,以更充分地利用信息资源具有十分重要的意义。由于语言现象所特有的多样性、不确定性和模糊性,语言信息处理,特别是自然语言的识别、理解和生成的研究,一直是最具挑战性的一个学术领域,因此对声音识别技术的研究具有重要的学术意义与社会意义。

声音识别技术就是让机器通过识别和理解过程把声音信号转变为相应的文本或命令的技术。构成声音的独特性的原因与发声的生理原因有关。人的语言产生是人体语言中枢与发音器官之间的一个复杂的生理物理过程。每个人在讲话时使用的器官,如舌、牙齿、喉头、肺、鼻腔等,在尺寸和形态方面差异很大,所以不同人的声纹图谱存在差异。

所谓声纹,就是用电声学仪器显示的携带言语信息的声波频谱。发声的原动力是呼吸产生的气流,我们说话时,从肺呼出来的气流,经过支气管、气管后,在喉下的声腔增加压力,冲出声门,再由喉、鼻共鸣,并因舌、齿、唇等的位置和形状的变化而改变音调。

此外,每个人的发声器官能够发出的清晰声音并非天生,而是经由不断地学习、改正错误而形成的。两人以同样的方式运用其发声器官的情况是微乎其微,因此每个人发出的声音各不相同。每个人的语音声学特征既有相对稳定性,又有变异性,不是绝对的、一成不变的。这种变异可来自生理、病理、心理、模拟、伪装,也与环境干扰有关。尽管如此,在一般情况下,声纹鉴定仍能区别不同的人或法定是同一人的声音,从而可以进行对个人的身份识别。

语音是最方便、快捷、自然的人际交流手段,采用语音作为人与计算机交互的手段,使计算机能像人一样,具有听、说和理解能力,是人们长期以来梦寐以求的事情。近20年来,声音识别技术取得了显著进步,已经从实验室研究走向应用。未来,声音识别技术将进入工业、安全防范、医疗、家庭服务等各个领域。很多专家都认为声音识别技术是未来对人类的生活方式产生重大影响的重要的科技发展技术之一。

1.声音识别系统的组成、工作原理及类型

(1)声音识别系统的组成与工作原理

声音拾取设备(即麦克风)不断地采集声音信号,声音识别设备不断地测量、记录声音的波形和变化。实际上,声音识别主要是基于将现场采集到的声音同登记过的声音模板进行精确的匹配。声音识别系统的组成与工作原理如图4.6所示。

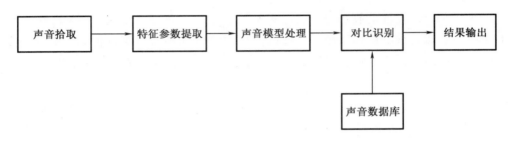

图4.6　声音识别系统的组成与工作原理

由图4.6可知,先通过麦克风拾取人的声音,特征参数提取单元检索出表现声音信号的声学特殊参数,经计算机声学模型的处理,使之成为与声音数据库所存储的声纹图谱相同的模式,然后将新采集的声音与存储的声音模板进行对比、识别,最后输出声音识别的结果。

一个声音识别系统由很多单元组成,但硬件设备实际上只有麦克风与计算机两部分。因为声音识别主要是计算机或程序接收和解释口述或理解并执行语音命令的能力。在计算机的使用中,必须将模拟音频转换成数字信号,这要求进行 A/D 转换。用计算机解释信号,要求它必须有一个数字数据库或词典,用来与收到的信号做比较。语音元素存在硬盘上并在程序运行的时候被加载到内存里。比较程序将检测存储的元素和来自 A/D 转换器的信号。

用计算机进行声音识别也是一个模式识别匹配的过程。在这个过程中,计算机要先根据人的声音特点建立声音模型,对输入的声音信号进行分析并抽取所需特征,在此基础上建立声音识别所需的模板。而计算机在识别过程中要根据声音识别的整体模型,将计算机中存放的声音模板与输入的声音信号的特征进行比较,根据一定的搜索和匹配策略,找出一系列最优的、与输入的声音匹配的模板。然后,据此模板的定义,通过查表就可以给出计算机的识别结果。显然,这种最优的结果与特征的选择、声音的模型及其好坏、模板是否准确等都有直接的关系。

（2）声音识别系统的类型

声音识别系统分为文本相关和文本无关的两类。

①文本相关系统。文本相关系统要求使用者重复指定的话语，通常包含与训练信息相同的文本。文本相关的识别多采用动态时间伸缩法或隐马尔可夫模型法。动态时间伸缩法使用瞬间的变动倒频，其倒频谱的计算通常使用快速傅里叶变换；隐马尔可夫模型法使用较成熟，在测量频谱特征的统计变量方面应用较多。

②文本无关系统。文本无关系统则没有文本相关系统那样的限制，但由不一致的环境造成的性能下降是其应用中的障碍。文本无关系统的识别采用平均频谱法、矢量量化法与多变量自回归法。平均频谱法使用有利的倒频距离，用平均频谱除去语音频谱中的音位影响。矢量量化法是用一套短期训练的特征向量来直接描述声音的本质特征，但存储和计算的量大，需要寻找有效的方法来压缩训练数据。多变量自回归法是在倒频向量的时序中，用多变量自回归模式来确定声音的特征，效果较好。

2. 声音识别技术的优缺点及制约其发展的关键

（1）声音识别技术的优缺点

①声音识别技术的优点。同面相识别、步态识别一样，声音识别也是一种非接触的识别技术。由于大多数计算机都有声卡和麦克风，因此有廉价的硬件设备。声音识别系统使用方便、简单，用户易接受。微型拾音器易于隐蔽，便于监听，以鉴别是否是罪犯等。

②声音识别技术的缺点。声音会随着音量、语速和音质的变化（如由感冒、情绪压力或青春期引起的变化）而变化，从而影响采集与比对的结果。和其他的行为识别技术一样，由于声音变化的范围太大，故而很难进行一些精确的匹配，误识率比指纹识别高。因为声音能伪造，如用录音欺骗声音识别系统，所以声音识别的安全可靠性较差。此外，目前非常好的高保真的声音采集装置——麦克风比较昂贵。

（2）制约声音识别技术发展的关键

实际上，人们很早就认识到了声音识别对于人类生活的重要性。例如，世界上第一台计算机问世之后，马上就有人想到要让计算机听懂人说话。可以说，声音识别的研究历史与计算机的发展历史一样长。计算机的发展经历了好几代，如今已经进入普通家庭。但是，声音识别方面的产品却迟迟未能在市场中普及开来。

一个声音识别系统性能好坏的关键，首先是它所采用的声音模型能否真实地反映声音的物理变化规律。但声音信号与人类的自然声音都是随机的、多变的和不稳定的，因此很难把握，这就是目前声音识别过程中最大的难点。

其次，模板训练的好坏也直接关系到声音识别系统识别率的高低。为了得到一个好的模板，往往需要用大量的原始声音数据来训练声音模型。因此，在开始进行声音识别研究之前，要先建立起一个庞大的声音数据库。一个好的声音数据库包括足够数量的，具有不同性别、年龄、口音的说话人的声音，并且必须有代表性，能均衡地反映用户实际使用情况。

有了声音数据库及声音特征，就可以建立声音模型，并用声音数据库中的声音来训练这个声音模型。训练过程是指选择系统的某种最佳状态（如对声音库中的所有声音有最好的识别率），不断地调整系统模型（或模板）的参数，使系统模型的性能不断地向这种最佳状态逼近。这是一个复杂的过程,要求计算机有强大的计算能力,并有很强的理论指导,才能保证得到良好的训练结果。

实际上,制约声音识别技术发展的关键是其依据的模型和算法。模型和算法是计算机描述声音的能力,也是其能否抓住人的声音的本质的关键。

在声音识别领域,固然有资金实力、人力资源等的竞争,但最根本是其核心技术——模型和算法的竞争。在声音识别应用领域,有许多相关技术直接影响着客户的最终体验,并关系到应用系统的使用效果,也就是自动化率(automation rate),即系统无须人工干预独自完成声音识别的比例。例如,端点检测及其相关问题、噪声环境下的声音处理、系统结构、对口音的适应性及声音界面的设计,都是声音识别整体应用系统需要考虑的。

3.声音识别在国内所取得的成果及其应用

(1)国内声音识别研究取得的成果

我国声音识别研究工作起步于20世纪50年代,但近年来发展很快,研究水平也从实验室逐步走向实用。从1987年开始执行国家高技术研究发展计划(简称"863计划")后,我国声音识别技术的研究水平已经基本上与国外同步,在汉语声音识别技术上还有自己的特点与优势,并达到国际先进水平。其中具有代表性的研究单位为清华大学电子工程系与中国科学院自动化研究所模式识别国家重点实验室。

清华大学电子工程系语音技术与专用芯片设计课题组研发的非特定人汉语数码串连续语音识别系统的识别精度达到94.8%(不定长数字串)和96.8%(定长数字串)。在有5%的拒识率的情况下,系统识别率可以达到96.9%(不定长数字串)和98.7%(定长数字串),这是目前国际最好的识别结果之一,其性能已经接近实用水平。研发的5 000词邮包校核非特定人连续语音识别系统的识别率达到98.73%,并且可以识别普通话与四川话两种语言,已基本达到实用要求。

国内研发的第一块语音识别专用芯片,由以8位微控制器为核心,加上低通滤波器、A/D、D/A、预放、功率放大器、RAM、ROM、脉宽调幅等模块构成。这种芯片包括语音识别、语音编码、语音合成功能,可以识别30条特定人语音命令,识别率超过95%,其中,语音编码速率为16 kbit/s。因此,该芯片可用于智能语音玩具,也可以与普通电话机相结合构成语音拨号电话机。这些系统的识别性能完全达到国际先进水平,一些应用型产品正在研发中,其商品化进程将越来越快。

由于一些微型机器如手机、掌上电脑等的体积较小,难以设计用键盘输入复杂指令,而语音识别恰能满足输入复杂指令这一需求。但中文语音识别产品一直由外国大公司垄断,中国科学院的研究人员针对汉语声调、口音和语言特性进行了大量创新,攻克了语音识别领域最难的非特定人汉语6万词连续语音技术。在同等测试条件下,中国科学院研发的这项技术在识别性能上优于跨国公司公开发表的结果,其中文语音识别软件对普通话的识别率可达95%以上。具有自主知识产权的语音技术,一定会像汉字识别技术一样,不但在技术上取得成功,而且在产业化和市场化上取得突破,从而进一步奠定我国在中文信息处理上的优势。

目前,中国科学院自动研究化所控股的中科模识科技有限责任公司已同其他公司合作开发了基于中文语音识别技术的移动电话语音交互系统、互联网中文多模态交互平台、智能家居声控系统、电话股票查询系统、电视机中文语音遥控器等。

武汉乐通光电有限公司高新技术研究所用隐马尔可夫模型法编制了文本有关的声音识别系统的软件,经初步实验证实有良好的效果,但还需进行建库和进一步的训练。

尽管有关声音识别技术的报道屡见不鲜,国内外学者也为此做了不懈的努力,但目前声音识别系统的识别率还比较低,仍需进行深化与实用化的研究。相信在不久的将来,一定会有比较好的实用产品出现。

(2)声音识别在安防等方面的应用

声音识别系统可应用的范围很广,如可用于电话与通信网络、人机接口、股票交易与银行取款、刑侦破案和打击恐怖分子、法庭作证、国防监听、保护人民的财产、安防监听、智能玩具等方面。

①用于电话与通信网络

在电话机、手机中加载语音识别拨号功能,人们可以通过语音命令方便地从远端的数据库系统中查询与提取有关的信息。例如,人们可以通过电话网络,用语音识别口语对话系统查询有关的机票、旅游、银行等信息。美国主要电信运营商 Sprint 的 PCS 部门,自 2000 年以来为客户开通了语音驱动系统,提供客户服务、语音拨号、查号和更改地址等业务;2001 年 9 月开通的可以自然方式对话的咨询系统,更实现了以自然、开放的询问方式实时获得所需要的信息。加拿大最大的电信运营商也拥有多个语音驱动系统,提供客户服务、增值业务和资讯服务等多种功能。这些系统不但减少了用户的投诉,并为无线网络服务增值,从而增强了客户的忠诚度,也为商家开辟了新的收入来源。

②用于人机接口

现在,声音识别正逐步成为信息技术中人机接口的关键技术。声音识别技术与语音合成技术结合使人们能够"甩掉"键盘,通过语音命令进行操作。随着计算机日趋小型化,键盘已经成为制约移动平台发展的一个很大的障碍,如果手机只有一个手表那么大,再用键盘进行拨号操作就会十分困难的。所以,声音识别技术的研发与应用,已经成为一个具有竞争性的高新技术产业。

③用于股票交易与银行取款

1996 年 9 月,Charles Schwab 开通了首个大规模商用语音识别应用系统、股票报价系统与语音股票交易系统。该系统有效地提高了服务质量和客户满意度,并减少了呼叫中心的费用。尤其在银行的应用上,还可与密码一起使用以打开保险箱柜与进行储蓄、取款,既方便又可靠。

④用于刑侦破案和打击恐怖分子

公安刑警采用声音识别技术,可利用暗藏在犯罪分子的电话、录像或其他证据中的声音资料,和嫌疑人的声音进行对比,以寻找到真正的犯罪分子。

实施绑架的犯罪分子往往会通过电话向被害者的家属索要赎金,警方可通过声音识别从数个嫌疑人中认出犯罪分子。例如,日本曾经发生一起绑架少女案,女孩的父亲接到一个人打来的电话,要求他用重金赎回女儿。警方做了电话录音,然后在广播电台和电视台播放了这次电话录音,经群众检举,有十多个人被警方列为嫌疑人。警方通过各种渠道录下嫌疑人的声音,经过声纹鉴定,终于从这些嫌疑人中找到了真正的罪犯。

此外,现代的恐怖分子气焰嚣张,在制造恐怖事件后往往还会拍下一段录像宣称为某事件负责,此时国家安全部门的工作人员就可以根据这些声音资料,分析录像中的声音是否为恐怖分子本人的声音,从而可以为追查恐怖分子提供新的线索。

⑤用于法庭作证

办案讲求的是证据,声音也是侦查犯罪的一项有力的证据。为此,研究声音证据的"法庭语音学"(forensic phonetics)成为法庭医学的一门重要的分支学科。除了声纹技术外,法庭语音学的研究方法还包括制作声谱图和进行声音比较。制作声谱图是指对声音加以记录,并将其转变为声谱图或声纹的直观形式。在进行声音比较时,声音识别专家会对声音的相似之处及不同之处加以辨别,这些相似之处或不同之处涉及呼吸方式、语调的抑扬变化、不寻常的语音习惯及方言等。因此,要使法庭语音学成为侦查犯罪的有力帮手,就需要建立一套像指纹系统那样的自动化的语音鉴定系统。

20 世纪 70 年代,日本、罗马尼亚、德国等国家都相继开展了声纹鉴定技术,以应对恐怖犯罪活动。最近几年来,各国的司法机构都开始接受声纹证据。在美国,已有州上诉法院承认声纹可作为法庭证据。美国的军事法庭也采用声纹作为证据。随着科学技术的进步,声纹鉴定手段也日益先进。

⑥用于国防监听

声音识别可用于国防监听,从下述的例证就可知其重要性。例如,美军曾在 EP－3 侦察机上安装了最先进的声音识别系统。这种声音自动识别系统功能强大,只要被侦察者通过无线电进行对话,系统便能查明通话者的身份,尤其是高层领导者的身份更是全在识别之列,从而判断从通话中掌握到的情报的价值。这在以前是一件难以想象的事,因为噪声问题无法解决。现在,监听系统能自己删除静电等其他杂音,然后通过与声音数据库相对照,识别出通话者的身份。

⑦用于保护人民的财产

声音识别技术可用于保护人民的财产不受非法侵犯。人们可在重要的财产(如住房、汽车、电器)上安装声音识别系统,只有用户本人的声音授权或解锁才可以使用这些财产,其他人员则无法随意解锁或使用这些财产。

由于声纹具有不会遗失或忘记、不需要记忆、使用方便等优点,因此在保护人民的财产、防止盗窃或其他经济犯罪方面会有更大的用途,它更适用于电话银行、电话炒股、电子购物等领域。

美国加利福尼亚州的一家信用卡公司发明了一种带有声音识别功能的信用卡,这种信用卡只有在识别出主人的声音后才能进行正常操作,可以有效打击那些偷取信用卡进行消费的小偷。信用卡中安装有一个小麦克风、一个扬声器和一个具有声音识别功能的芯片。在使用信用卡之前,用户必须说出密码,芯片将有声密码与事先录下的密码相比较,如果密码符合,卡片将发出一串"哔哔"的声音,表示可以通过电话或商店计算机的麦克风进行交易;如果声音不符合,则不会发声。目前这一设备仍在样品测试阶段,一旦面市将被用于在

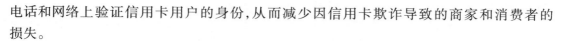

电话和网络上验证信用卡用户的身份,从而减少因信用卡欺诈导致的商家和消费者的损失。

⑧用于安防监听,阻止犯罪分子继续作案

安防监控通常包括监听,如果安防监控设备装有声音识别的智能化功能,就可以寻找到通缉逃犯、惯犯及一切留有声音档案的犯罪分子,从而可及时阻止这些犯罪分子继续作案。此外,声音识别技术还可用于门禁系统及各种锁具中,使"芝麻开门"变成现实。

⑨用于智能玩具

声音识别技术还可用于玩具中,形成语音智能玩具等产品。

4.声音识别技术在安防中的智能应用方案

声音识别技术在安防视频监控系统中智能应用方案组成框架如图4.7所示。

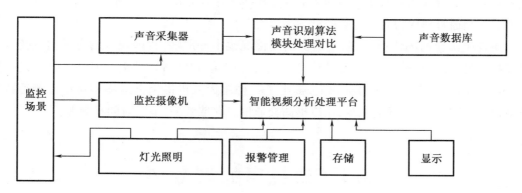

图4.7　声音识别技术在安防视频监控系统中智能应用方案组成框架

由图4.7可见,这里仅用了一台监控全场景图像的监控摄像机,声音采集器或拾音器可单独隐蔽设置或安装于摄像机内。当声音采集器或拾音器采集到的声音与数据库的声音资料比对成功,或者监控摄像机采集到的视频图像经智能视频分析有异常行为等事件发生时,智能视频分析处理平台就启动报警管理进行报警,存储与显示图像,并进行 PTZ 跟踪目标。同样,智能视频分析处理平台也要能随时自动调整灯光照明到监控摄像机所需的最佳摄像照度,以保证监控摄像机所采集图像的质量。

【思考题】

1.阐述智能检测与故障诊断测控仪器的主要技术和原理。

2.查阅资料,介绍几种智能检测与故障诊断的智能测控仪器。

第5章 智慧城市路况信息

如今,国内经济正在迅速发展,许多家庭都有自己的汽车,百姓们对汽车也越来越依赖。截至 2020 年底,交通部门公布的统计数据显示,我国的汽车拥有量已经超过 3.72 亿,同比增长超过 20%。未来,汽车的拥有量依然会呈上升趋势。车辆保有量还在快速增长,城市的交通压力也越来越严峻,交通管理中对车辆识别的需求也越来越大。车辆识别是依据视频流中的截取图片对车流量进行检测,并将其并入城市交通管理系统中,这对我国日益增加的交通管理压力有一定的益处。

随着城市交通的快速发展,交通拥堵的情况也十分严峻,我国现有的交通信息获取途径很难满足人们的需求。传统交通信息获取途径传递信息缓慢,缺乏实时性。针对这一问题,本章在分析车流量检测的基础上,提出了一种用无人机摄像头采集和自动检测道路车流量,并可智能分析路况的系统,用以提高交通信息获取效率,节约时间和能源。

5.1 研究目的与意义

道路上的车流量监控检测主要是通过一系列的传感器设备对道路上正在行驶的车流量进行监控,获得与其相关道路上的车流量参数,以此为基础判断不同路段的交通情况及对于突发事故情况进行监控、检查、报警。随着科学技术的进步,多种用于交通的检测技术逐渐得到了发展,如电磁感应式检测技术、空气管道式检测技术、波频式检测技术、视频式检测等。

与其他的方法相比,基于视频图像的检测包括图形处理、人工智能、计算机视觉等很多方面的技术,优点是低成本、安装方便、维修简单、应用范围大、拓展性强等,在全球道路交通监控检测系统中已经在使用。目前常见的基于视频图像对汽车进行检测的方法有以下几种:灰度法、帧差法、边缘检测法、背景差法。随着信息科技的进步和发展,人工智能、图像处理、计算机视觉技术都已经有了很大提升,硬件处理速度也有了巨大的飞跃,目前基于视频图像对汽车进行流量监控检测的技术已在道路交通安全监控的检测系统中得到普及。

5.2　研　究　方　法

人工神经网络是一个超大规模非线性连续时间自适应信息处理系统。近年来,基于人工深度神经网络的目标检测技术发展得异常迅速。其基本思路是将逐帧图像分割为 $x \times y$ 个图像块;预处理后把这些图像块投影到一个线性滤波器组,得到不同的图像模式;接着将这些不同的图像模式根据预先得到的聚类原形进行分类;最后用训练得到的深度神经网络分类器来判断图像中是否含有目标物体。本章使用 YOLOV 3 作为深度学习算法对车辆进行识别,使用手动标注的数据集进行模型的训练,利用百度地图应用程序接口(application program interface, API)生成静态地图进行路况信息标注。

5.2.1　人工神经网络相关概念

(1)数据集:由许多样本组合成的集合,其中样本点称为数据点。

(2)监督学习:有标准答案(有标签)。

(3)无监督学习:无标准答案。

(4)半监督学习:监督学习与无监督学习的结合,样本中拥有有标签与无标签的样本,由有标签的样本给无标签的样本进行标签。

(5)强化学习:通过与环境交互达到优化算法的目的。

(6)凸优化:

①条件一:约束条件为凸集。

②条件二:目标函数为凸函数。

(7)交叉熵可算作函数,优化方式为利用梯度下降法来设置学习率(根据误差梯度调整权重数值的系数)。梯度下降法分为批量梯度下降(BGD)、随机梯度下降(SGD)、小批量梯度下降(MBGD)。

(8)神经元结构由线性函数与激活函数组成。

构建人工神经网络需要考虑 3 个方面:拓扑结构、激活规则、学习算法。其中,拓扑结构包括前馈网络、反馈网络、图网络;激活规则包括 Sigmoid 函数、tanh 函数、ReLU 函数(修正线性单元)、Sofymax 函数。

激活规则设计需要考虑的因素有非线性、连续可微性、有界性、单调性、平滑性。

(9)神经网络在感知器的模型上做了以下 3 点扩展。

①加入隐藏层。隐藏层可以有多层,用以增强模型的表达能力。

②对激活函数做扩展。这部分包括 Sigmoid 函数、Softmax 函数和 ReLU 函数等。

③反向传播。反向传播算法是神经网络中的重要算法。它使用链式求导法则将输出层的误差反向传回给网络,使神经网络的权重有了较简单的梯度计算实现方法。

根据反向传播算法,可以通过编程实现神经网络权重的梯度计算,从而通过梯度下降法完成对神经网络的训练。

成熟的深度学习框架如 TensorFlow 会自动完成反向传播和求导的部分。用户在使用时只需要定义前向运算。

5.2.2 深度学习开发的基本流程

1. 确定目的

在开发一个 AI 之前,需要做以下的准备:明确开发的 AI 是要分析什么内容、开发的目的是什么、要解决什么样的问题;整理出 AI 开发的思路与需要使用的框架,如图像分类、目标检测等。在对不同的 AI 模型进行开发时,使用的算法也不同。

2. 准备数据

要进行 AI 训练需要数据集。数据集的准备分为两个部分,即数据的收集和数据的预处理。

按照 AI 训练要求有目的地收集处理相关的数据。数据集准备是 AI 开发中必不可少的环节。数据的可靠性非常重要。但在实际操作中,开发人员并不能保证自己的数据是完全符合要求的,所以在实验阶段需要根据训练结果进行数据集的调整。

3. 训练模型

训练模型,也叫作建模,是指利用准备的数据集分析整个深度学习过程,发现数据集之间的关系及规律。训练模型的结果一般是人工神经网络及深度学习的模型,这些模型基本都是一个固定的形式,可以套用不同的数据集进行目标的识别与检测。

目前主流的 AI 引擎有很多,如 TensorFlow、Spark_MLlib、MXNet、Caffe、PyTorch、XGBoost-Sklearn、MindSpore 等,大部分开发者都是应用这些现有的模型,使用自己的数据集进行训练的。

4. 评估模型

在通过训练 AI 引擎并得到对应的模型后,开发人员还需要对这个模型进行测试,因为并不能保证这个模型可以实现预期目的。开发人员需要对该模型进行反复的磨合、修改,来达到自己的目的。有一些常用的参数指标可以参考,如准确率、召回率等。

5. 部署模型

在评估模型之后得到了一个可以满足测试集的模型。在实际应用时,开发人员通常需要使用实际的数据集进行测试,利用最终目的所需要的数据集进行测试调整,将模型优化至最佳状态。

5.2.3 机器学习的过程

随着人工智能的发展,现在提到人工智能,人们就会想到神经网络。人工神经网络可以模拟人的大脑,让计算机可以从自己的数据集中进行学习、模仿。

下面就用最简单的语言来介绍一下,什么是神经网络。

1. 计算机思考

在最开始进行 AI 探索时,人们认为只要将足够多的数据放入计算能力足够强的计算机中,创造出足够多的方法来使用这些数据,就可以达到让计算机思考的目的。例如,有名的象棋 AI——Deep Blue,它对所有棋子可能的走法进行了全编程,只要计算机可以在短时间内将其运算出,理论上可以预测出所有可能的走法,并选出最优的走法来抵抗对手。

编程人员发现了其中的规律:在下棋过程中,如果对手走了 X,那么下一步就会出现 Y,如果对手出了 Y,AI 就用 H 来对应。如果这是由我们人类的大脑来思考,就不会如此机械化,这是由超过人脑的计算机的算力实现的,并不能说是一种机器思考。

2. 实现机器学习功能

十年以来,编程人员又拾起了一个老生常谈的概念,不再是将大量的数据存入计算机,而是使用一种固定的计算方式来模拟人的大脑来进行思考,用最方便的方式来传入并分析数据。这就是目前人工神经网络,这个概念从 20 世纪 50 年代至今一直存在,但在之前网络发展不算完善的时候并没有显得那个出众,但随着如今网络的发展,一些视频图像可以随意上传,传播,同时芯片算力的提升也使得这一概念又重新得到了升华。

3. 计算机——与人类大脑相似的存在

人工神经网络又称 ANN,是一种算法结构,这种算法可以让计算机学习很多类人的方法,如语音指令、图形分类、目标检测等。最常见的 ANN 是由成千上万个人造的神经元连接而成的,这些按照一定规则排列在一起的神经元构成了层。在大多数情况下,层与层之间仅靠几个神经元联系。而人的大脑就不同了,人脑的神经元之间是完全互联的。

这种分层 ANN 在今天仍然是深度学习的主要途径,通过标注好的、数据量庞大的数据集可以让计算机学习到如何分析读取到的数据,如果数据集数量充足,那么计算机可能比人类更加优秀。

以图像识别为例,通常都是使用卷积神经网络(convolutional neural network,CNN)进行图像的识别工作。这种方式只可以识别训练数据集中特定角度的目标。

4. 人工神经网络训练流程

人工神经网络的训练离不开监督学习,需要准备大量的由人工标注的数据集,其中包括训练集和测试集,这些数据集可以帮助神经网络进行基本的自检。

这里使用标注数据分别是橙子与苹果的图片来举例。图片就是数据集,"橙子"和"苹果"是标注标签。当我们将图片输入时,这些基本的数据被拆分为很多抽象的数据,如不同的线条与色彩,这些数据再进行组合变为其他只能由机器识别的数据。

在完成上述流程之后,计算机会对这些数据进行预测、评估。由于这两种水果的外形比较相似,这种预测也具有一定的随机性,如输入的图片是橙子,但预测的结果却是苹果,如果出现这种情况,则需要对网络结构进行自动修改。

这个自动修改的过程也叫作反向传播,通过这种调整来使下一次为"橙子"的可能性增加。通过重复这一过程来不断地提高计算机识别物体的准确性。这个过程就如同婴儿认识世界的过程,就是一种学习过程。对计算机而言,这种过程并不枯燥,只要有足够强的算力支持就可以完成。

通常,卷积神经网络除了输入和输出层之外还有 4 个基本的神经元层:卷积层(convolution)、激活层(activation)、池化层(pooling)、完全连接层(fully connected)。

(1)卷积层

最底层的一层就叫作卷积层。它是由许多神经元组成的一个筛选器,用来找出输入图像的每个区域及像素点等信息,找出模式(pattern)。随着数据集的逐渐增多,对每个神经元都找到了提取信息的规律,这样提高了效率与精准性。

例如,图像是橙子,一个筛选器可能会发现"黄色"这一特征,但其他的筛选器可能会发现橙子的轮廓或枝叶等其他特征。在一个比较混乱的超市中,如果想让顾客很轻松地得到想要的东西,就必须找到所有物品的共同点并进行分类。

这个过程之中最让人感到不可思议的是,神经网络与最初的 AI 不同,这些筛选器的工作方式并不是人为编好的,而是通过计算机分析数据自己生成的,并不需要人工干预。

卷积层可以将图像分为很多类,每一类过滤特征后的图像都表现为神经元分析后的枝叶、黄色、各种线条等。但由于卷积层在分类特征时并没有什么特殊的要求,所以我们需要给卷积层增加一道防线,来保证图片在传递的过程中不会有什么重要的特征丢失。

深度神经网络可以进行非线性的学习方法,这是它的一大优点。如果用最简单的语言来形容就是它并不只能识别训练时的特征——无论最后检测的橙子是在什么地方、光线如何,计算机都可以进行识别,这都是因为激活层的存在,激活层可以发现很多卷积层无法发现的特征。

(2)池化层

图像经过卷积层的运算后会产生很庞大的数据,这很有可能让计算机崩溃。但池化层可以将这些庞大的数据变成更小的或更容易处理的形式。目前已经有很多方法来处理这种情况,使用最广泛的是最大池,这一层可以将每个特征根据目的需要进行提纯,最终只有黄色、枝叶等重要的特征会被输出,其余的非重要特征会被筛掉。

就如同清理仓库一样,使用著名的日本清理大师 Marie Kondo 的原则,从分好类的仓库中找出不需要的一部分并将其处理掉,将剩余的特征进行再分类,这样数据会少很多。

此时,人工神经网络的设计者可以堆叠这种分类后配置——卷积、激活、池化,进而获得该图像的更高级的信息。在图片中进行橙子识别时,图像经过一次次筛选,刚开始只显示颜色的一小部分或枝叶的一段,但经过很多筛选层后就可以显示出整个橙子。这都归功于完全连接层。

(3)完全连接层

经过之前的几个层,现在已经可以得到最终的结果了。经过池化后,特征通过完全连接层连接到输出的神经元上。如果使用神经网络的最终目的是识别 N 种物体,就会有 N 个输出节点。举例中的神经网络用来识别橙子与苹果,则有 2 个输出节点。

假如在神经网络中输入的图像是橙子,并且神经网络已经在之前进行了一些关于橙子的训练,那么随着训练次数的增加,图片识别的效果会越来越好。

"橙子"和"苹果"节点的工作类似于计算机对这些特征进行选择,目标图片的分析结果中含有的橙子的特征比较多,那么这张目标图片是橙子的概率就高很多。计算机会对这张目标图片进行两次选择,对应的标签分别是"橙子"和"苹果",最后选择的哪个结果的概率更高,则会输出对应的结果,可以完成目标的检测。但在实际操作中并不一定如此顺利。

用同一个神经网络来识别两种不同的物体(橙子和苹果),神经网络最后的结果会用一个百分比来显示。这种情况下,如果训练中的结果显示已经优化,那么这里的预测结果可能是70%的"橙子",30%的"苹果"。或者在一开始,结果更加不准确,可能是25%的"橙子"和75%的"苹果"。这不是我们想要的结果。

整个训练过程不可能一次成功,要进行不断的尝试。

在早期训练中,可能会获得很多不正确的结果,就如上面的例子中的25%的"橙子"和75%的"苹果",但由于这是使用标注好的数据集进行的监督学习,所以人工神经网络可以通过反向传播来进行自我调整。

只要标注信息足够多,利用强大的算力不断重复这个过程,就可以对这些错误的结果进行不断的修正并达到最后想要的精准识别。

5.3 深度学习开发框架

如图5.1所示,MindSpore是一个基于云的、开源的全新多场景智能AI在线计算系统框架,最佳地匹配了华为昇腾系列AI处理器的高计算力。其中,MindSpore Extend是一个以MindSpore为基础的领域库,即可以构建一个在许多领域中具有特定功能的库。

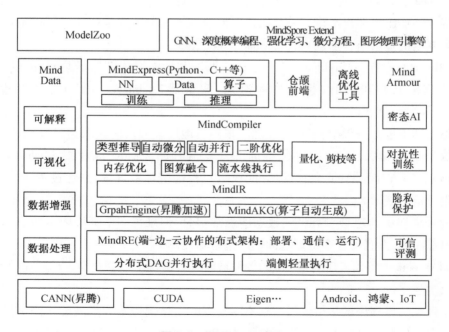

图5.1　MindSpore 框架

MindExpress 这个子系统是一个泛指的 Python 的运算表达和公式子处理系统,通过它可以使用一个高低两层的 API 来进行支撑。它使用户可以实现单个网络图的构建、子系统图的公式执行和单个运算子的公式执行。MindExpress 将一个由软件用户自己编写的软件源代码进行解析后做成中间码来显示(intermediate representation, IR)。

MindCompiler 子程序系统为每个用户程序提供了一种可以面向用户 MindIR 的矩形图层即时图像编译器的功能。

计算图高级别优化(graph high level optimization, GHLO)对于面向前端的应用进行了偏前端的类型优化和微分处理,如一阶类型优化推导、自动导入微分(auto difference)、二阶类型优化、自动微分并行等。

计算图低级别优化(graph low level optimization, GLLO)管理是一种面向内存硬件进行的偏底部的多层次管理优化,如内存算子管理融合、布局(layout)管理优化、冗余写入信号管理消除、内存管理优化等。

Model Arts 子系统采用了统一的安装和运行时(runtime)系统,支持对于终端、云多种设备的形态需求,支持对多种软件设定的调度和管理,如 Ascend 、GPU、CPU。

把完整的一个图像芯片下沉连接到 Ascend 图像芯片上(其中包括图像循环、变量、计算等),图像自己可以执行本身的图像异步化,减少了 host-deviced 等交互作用的成本开销。同时对异步输入、并行输出的每个数据分别进行异步读取地址和并行数据拷贝,并通过一个异步队列的方式进行实时等待和异步触发,从而同时保存了被隐藏的整个数据库并进行异步读取、预处理。

通过实现静态系统内存自动规划、内存的电池化自动管理,提升系统内存的自动复用度,减少在系统正常运行中造成内存的自动创建及其他的销毁等大量的费用。

MindData 主要负责高效、独立地完成整个培训过程数据的采集处理工作,与培训计算器一起构建并输出培训流水线。一个比较典型的训练式深度数据处理模块 pipeline 主要包括各类数据集的重新组合加载、shuffle、map、batch、repeat。

MindInsight 是基于 MindSpore 的一个训练调试和性能调优训练子系统,提供了整个训练调试流程的自动可视化、模型自动追踪、调试器(debugger)和训练性能检测分析(profiling)等多种功能。

在整个训练进行过程中,用户可以随时很容易地搜索和实时获取通过训练课程学习计算过程数据中的相关信息,主要包括训练计算流程图、标准测量[损失(loss)、准确率(accuracy)]、直方梯度图(直角梯度、方向权重)、性能统计数据等,并通过图、Web UI 界面实时地进行信息展示。

通过采集训练的超参、数据集、数据增强等信息,记录每一个训练版本的信息,实现了模型的追踪溯源,并且可在多次训练间同时进行对比。

MindArmour 为可信人工智能 AI 的各领域研究者提供了一套全面、有效、简单易用的评估工具及增强手段。

基于模型的模糊测试是指公司根据不同模型的信息覆盖率和模型配置测试战略,采用启发式模型产生基于可信度模型测试的评估数据,生成可信度测试评估分析报告。

可信度增强是指利用预先设定好的方式来增强 AI 模型的可信性。

张量(tensor)如图5.2所示。

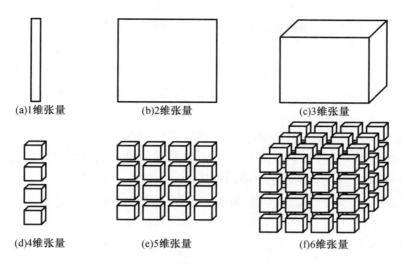

(a)1维张量   (b)2维张量   (c)3维张量

(d)4维张量   (e)5维张量   (f)6维张量

图5.2 张量

不同空间维度的张量分别被用来代表不同的2维图像和图形数据,0维张力矢量可以代表一个标准的图像数量,1维张量可以代表张力向量,2维张量可以代表张力矩阵,3维张量则可以代表彩色电视影片的长度(RGB通道)等。

张量模型是MindSpore在网络计算中的一种根本数据结构。对于张量中的一个数据类型,可以直接参考dtype。

张量是参数(parameter,如权重和偏置)的载体,是特征图(feature map)的载体;

张量可与numpy.ndarray无缝转换。

5.3.1 华为云平台

1. OBS介绍

对象存储服务(object storage service,OBS)是一个以国际物流和企业网络计算为技术基础的企业海量对象数据采集存储管理服务,为全国广大客户提供海量、安全、高可靠、低成本的对象数据采集存储功能。

OBS系统和单独的桶都不受总数据容量和存放对象(或文档)数量的约束,为普通用户提供了超大的存储容量的功能,适宜存放任何类型的文档,适合普通用户、网站、公司和研究人员等开发者使用。OBS是一项专门针对Internet进行访问的网络服务,提供了一种基于HTTP/HTTPS协议的Web服务接口,用户随时都可以直接将其与Internet的设备或计算机相连,通过OBS管理控制平台或其他各种OBS管理工具来访问并管理存储在OBS中的所有数据。此外,OBS还支持SDK和OBS API两种接口,可以让用户更加方便地管理自己所有存储在OBS上的数据,以及开发其他多种类型的上层业务应用。

华为企业云目前在全球各个网络区域都已经部署了大量基于OBS的数据基础网络设

施,具备非常高的网络可持续扩展性和稳定的网络可靠性,用户随时都可以按照自己的网络需求自动选择一个指定的网络区域空间来继续使用这个 OBS,由此用户可以同时获得较快的网络数据服务访问速度与实惠的数据服务费用价格。

对象存储服务(OBS)的基本组成是桶和对象。

桶域名就是在 OBS 中通常用来存储一个域名对象的一种域名容器,每个存储桶都具备自己的域名存储对象类别、访问量和权限、所属国家地区等,用户通常可以在国际互联网上通过获取桶的网页访问量和域名的方式使用来进行域名定位。

对象数据文件时间是指 OBS 中所有对象数据信息存储的基本时间单位,一个文件对象的实际含义指的是一个对象文件的所有对象数据与其他对象文档的基本相关性和属性及信息的基本集合体,由 Key、Metadata、Data 组成。

Key 为按键值,即选择对象的名称,为经过 UTF - 8 编码的、字符组长度大于 0 且不可超过 1 024 的字符组数据。一桶里的各种物体都必须具有唯一的物体键值。

Metadata 为元数据,即一个对象的具体描述性信息,包含了系统的元数据和客户元数据,这些元数据以关键值(key - value)的方式被直接上传至 OBS 中。

系统的单个元数据通常自动地转换产生,在需要进行自动处理其他应用程序对象的元数据时也可以手动使用。

用户元数据由系统向用户指定,是由系统向其他用户提供的自定义对象所描述的信息。

Data 为数据,即文件的数据内容。

华为云针对 OBS 所提供的 REST API 软件进行二次开发,为用户量身定制了一个控制平台、SDK 和各种类型的工具,方便用户在不同的应用场景下轻松地访问 OBS 桶及大木箱中的物体。当然用户也是可以通过使用 OBS 提供的 SDK 和 OBS API,根据用户的业务实际情况进行自主开发,以满足在不同应用场景中对大规模的数据存储诉求。

OBS 为广大用户量身提供了 4 种数据存储解决方式:高频标准化数据存储、低频优化访问型数据存储、归档式数据存储、深度优化回收型数据存储,从而充分满足了广大客户的不同业务对于各种存储的性能、成本等的不同需求。

由于这种标准化的热点存储在同时访问数据过程中所需的缓存时间的延时低和数据吞吐量高,因而特别适用于那些需要拥有大量的网络热点数据文档(平均每人每月多次)或者仅仅是小型的热点文档,并且需要频繁地同时访问大量热点数据的网络行业应用场景,例如,大数据分析、移动网络应用、热点网络视频访问、社会网络图片访问等。

低频访问存储主要适用于不频繁的访问(平均每年少于 12 次),但在特殊情况下也适用于要求迅速地访问大量数据的各种业务应用场景,如文件同步或分享、企业备份等。与其他标准化的存储方式相比,低频访问存储具有相同的数据持续性、吞吐量和访问时间,并且其成本相对较低,但是其可用性却稍微低于其他标准化的存储。

归档数据存储主要指的是一种适用于很少被每个人直接访问(平均每年或每月被每个人至少访问一次)的业务数据实时传输和信息处理的大型业务数据应用管理场景,如对海量数据的实时归档、长期数据备份。归档仓库是指一种由于存储安全、持久和使用成本非常低,被广泛用于代替磁带的仓库。为了确保其使用成本的低廉,数据被重新取回所需的时间通常为几分钟或长达数个小时。

深度归档存储(受限公测)主要适用于对长期不同类型的访问(平均每年至少获得一次)大量数据的业务场景,其成本比归档数据存储更低,但是大量数据的获取和存放的时间会变得更长,一般为几个小时。

当向文件对象系统上传文件时,该文件对象的系统存储文件类别被系统默认为继承了对象桶的文件存储,不能重新指定一个物体的最佳存放时间类别。

修改一个对象桶的所有存储文件类别时,桶内所有已经重新上载的、传到这个对象的所有存储文件类别都不会被再次修改。

2. ModelArts

ModelArts 是专门为开发从业人员量身搭建的一站式技术研究和企业开发技术服务平台,提供了海量统计数据的预测和处理功能,以及各种半自动化的数据标注、大规模的分布式开发培训、自动化开发模型的独立生成和端 – 边 – 云模型的按需独立部署管理能力,帮助企业 AI 技术用户快速地独立创建和按需部署开发模型,管理全生命周期的开发 AI 工作流。

"一站式"主要是指 AI 开发的各个环节,包括数据处理、算法系统开发、模型人员培养、模拟器的设计部署等都可以在 ModelArts 上实现。从技术上来说,ModelArts 的计算底层系统支持各种异构化的基础计算资源,开发人员可以根据实际使用情况的不断变化灵活地进行选择和控制运行,而不需要关心基于计算底层的基础设备和软件技术。同时,ModelArts 不仅支持 TensorFlow、MXNet 等国内外各种主流和中小企业自主开源的 AI 开发设计框架,也支持软件开发人员直接使用自主研发的设计算法和开发框架,匹配客户的实际使用程序习惯。

ModelArts 的理念就是让 AI 开发变得更简单、更方便。

ModelArts 面向具有不同经验的 AI 研究人员,提供简单而易用的使用流程。例如,面向业务的开发者,使其不必过分关注模型或代码,可以通过自动化学习的流程迅速地构建 AI 技术应用;面向 AI 的初学者,使其不必过分关注仿真模型的开发,利用先进的预置计划算法来设计和构建 AI 的应用;面向 AI 领域的工程师,提供了多种软件开发环境、多种运行操作过程和模型,方便其进行编码扩展,快速地构建软件模型和实现应用。

ModelArts 是一个一站式的研究开发平台,能够有效地支撑开发人员从数据库到 AI 整体应用的全流程开发过程。它涵盖了数据处理、模型培训、模型管理、模型部署等多种操作,并且它还具有 AI Gallery 功能,可以在市场内与其他开发人员共同分享模型。

ModelArts 功能支持图像分类、物体检测、视频分析、语音识别、产品推荐、异常检测等多种智能 AI 应用场景。

(1)ModelArts 架构

复杂而多样的 AI 工具设备安装和配置、数据准备、模型培训缓慢等都是困扰着 AI 工程师的难题。为了解决这些问题,将"一站式"的 AI 技术开发平台(ModelArts)直接提供给开发人员,从大量的数据准备到算法研究开发、模型培训,再到最后将其中的模型全部部署起来并集成在整个生产环境中,"一站式"地完成了全部任务。

(2)数据治理

ModelArts 支持对所有数据来源进行实时筛选、标注等实时数据处理,提供对所有数据集的实时版本优化管理,特别是基于深度学习的大数据集,让训练结果不仅能够实时展现且可以重现。

(3)极"快"致"简"模型训练

自研的 MoXing 深度学习框架,更高效和简单易用,大幅度地提升了训练速度。

(4)云、边、端多场景部署

ModelArts 支持将模型布置到多种生产环境,可部署为云端在线推理和批量推理,也可以直接布置到端和边。

(5)自动学习

ModelArts 支持多种自动学习能力,通过自动学习来训练模式,用户无须手动编写代码就能轻松地完成自动建模、一键部署。

(6)AI Gallery

ModelArts 采用预置常见的算法和数据集,支持模型在整个企业内部进行共享或公开共享。

(7)开发环境

在 AI 开发的过程中,搭建一个开发环境、选择一个 AI 算法的框架、选择算法、调试代码、安装一个相应的软件或硬件来加速驱动库等不是容易的事情,这些使得学习 AI 开发的门槛很高。为了有效地解决这些问题,ModelArts 简化了全部的开发流程,大大地降低了开发门槛。ModelArts 集成了开源的 Jupyter Notebook ,可以提供一套网络交互式研究开发和调试的实时工具。使用者就可以无须关注自己所安装的系统配置,在 ModelArts 管理控制台直接通过一个 Notebook ,编写并调测出一个模型的训练代码,然后基于此代码进行模型训练。

5.3.2　算法简介

机器视觉任务,常见的有分类、检测、分割。而 YOLO 正是检测中的佼佼者,在工业界,YOLO 兼顾精度和速度,往往是人们的首选。YOLO 的发展从 YOLO V1 到 YOLO V5。YOLO 是目标检测模型。目标检测是计算机视觉中比较简单的任务,是指在一张图片中找到某些特定的物体。目标检测不仅要求计算机能够识别出这些特定物体的类别,同时要求计算机能够标出这些物体的位置。

YOLO 的全称是 you only look once,指只需要浏览一次就可以识别出图中特定物体的类别和位置。

YOLO V1 核心思想是将整张图片作为网络的输入〔类似于超快区域卷积神经网络(Faster‒RCNN)〕,直接在输出层对物体位置和类别进行回归。

相较于 V1 版本,YOLO V2 在继续保持处理速度的基础上,从预测更准确(better)、速度更快(faster)、识别对象更多(stronger)这3个方面进行了改进。其中,在识别对象更多方面,扩展到能够检测9 000种不同对象的称为YOLO 9000。YOLO 9000采用了一种新的训练方法——联合训练算法,这种算法可以使用一种分层的观点对物体进行分类,用巨量的分类数据集数据来扩充检测数据集,从而把两种不同的数据集混合起来。

联合训练算法的基本思路就是同时在检测数据集和分类数据集上训练物体检测器(object detectors),用检测数据集的数据来学习物体的准确位置,用分类数据集的数据来增加分类的类别量、提升健壮性。

YOLO V3的模型比之前的模型复杂了不少,可以通过改变模型结构的大小来权衡速度与精度。简而言之,YOLO V3的先验检测(prior detection)系统将分类器或定位器重新用于执行检测任务,将模型应用于图像的多个位置和尺度。而对那些评分较高的区域就可以视为检测结果。此外,相对于其他目标检测方法,YOLO V3使用了完全不同的方法。YOLO V3将一个单神经网络应用于整张图像,该网络将图像划分为不同的区域,因而可预测每一块区域的边界框和概率,这些边界框会通过预测的概率加权。相比于基于分类器的系统,YOLO V3的模型有一些优势:它在测试时会查看整个图像,所以它的预测利用了图像中的全局信息。与需要数千张单一目标图像的R-CNN不同,它通过单一网络评估进行预测,这令YOLO V3非常快,一般比R-CNN快1 000倍、比Fast R-CNN快100倍。

YOLO V4是YOLO系列一个重大的更新,其在COCO数据集(微软发布的一个大型图像数据集)上的平均精度(average precision, AP)和帧率精度较上一版本分别提高了10%和12%,并得到了Joseph Redmon的官方认可,被认为是最强的实时对象检测模型之一。YOLO V4其实是一个对大量前人研究技术加以组合并进行适当创新的算法,实现了速度和精度的完美平衡。可以说有许多技巧可以提高卷积神经网络的准确性,但是某些技巧仅适合在某些模型、某些问题上运行,或者仅在小型数据集上运行。

YOLO V5的速度非常快,有非常轻量级的模型,同时在准确度方面又与YOLO V4相当。YOLO V5基于PyTorch(机器学习开发框架),体积只有YOLO V4的十分之一,速度却约是YOLO V4的3倍。YOLO V5运行推理的速度极快,权重可以导出到移动端,并且在COCO上达到了最先进的水平。YOLO V5确实在对象检测方面表现得非常出色,具有以下显著的优点。

①使用PyTorch框架,对用户非常友好,能够方便地训练自己的数据集。相较于YOLO V4采用的Darknet框架,PyTorch框架更容易投入生产。

②代码易读,整合了大量的计算机视觉技术,非常有利于学习和借鉴。

③不仅易于配置环境,模型训练也非常快速,并且可批处理推理产生实时结果。

④能够直接对单个图像、批处理图像、视频甚至网络摄像头端口输入进行有效推理。

⑤能够轻松地将PyTorch权重文件转化为安卓系统可使用的格式、OpenCV可使用的格式,或者转化为iOS格式,可直接部署到手机应用端。

⑥YOLO V5s高达140 FPS(帧每秒,即每秒传输帧数)的对象识别速度令人印象非常深刻,用户使用体验非常好。

5.3.3 训练流程

1. 训练准备

（1）系统总体结构图

道路车流量智能识别技术系统总体结构图如图5.3所示。

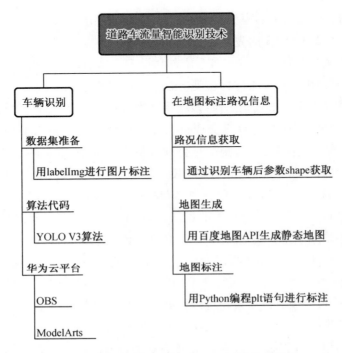

图 5.3 道路车流量智能识别技术系统总体结构图

（2）创建 OBS 桶

使用华为云 OBS 存储脚本和数据集，打开 OBS 控制台，点击"创建桶"按钮进入桶配置页面，创建的 OBS 桶如下：

①区域：华北—北京四。

②数据冗余存储策略。

③桶名称：如 course－yolo。

④存储类别：标准存储。

⑤桶策略：公共读。

⑥归档数据直读：关闭。

（3）数据集准备

在网络上寻找出含有汽车的图片并存储于本地计算机上，使用 labelImg 进行图片标注。选择路径，并选择标签格式，下载目标检测所需要的数据集。文件说明如下所示：

- train：训练数据集；
- ＊．jpg：训练集图片；
- ＊．xml：训练集标签；
- test：测试数据集；
- ＊．jpg：测试集图片。

数据集包含一类：车（car）。

（4）脚本准备

从华为云远程代码仓库上下载相关脚本。

（5）上传文件

点击新建的 OBS 桶名，再打开"对象"标签页，利用"上传对象""新建文件夹"等功能，将脚本和数据集上传到 OBS 桶中，OBS 桶中文件形式为如图 5.4 所示。

图 5.4　OBS 桶中文件形式

2. 训练步骤

（1）程序运行流程图

程序运行流程图如图 5.5 所示。

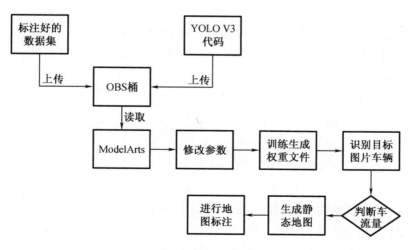

图 5.5　程序运行流程图

（2）代码梳理

①代码文件说明

a. main. ipynb：训练和测试入口文件。

b. config. py：配置文件。

c. yolov3. py：YOLO V3 网络定义文件。

d. dataset. py：数据预处理文件。

e. utils. py：工具类文件。

②训练流程

a. 修改 main. ipynb，训练 cell 参数并运行，得到模型文件。

b. 修改 main. ipynb，测试 cell 参数并运行，得到可视化结果。

（3）数据预处理（dataset. py）

①数据预处理

a. 原始数据格式整理。将原始图片和 xml 标签处理为 MindRecord 格式。

b. MindRecord 格式数据处理。将 MindRecord 格式的原始数据处理为网络需要的数据。
原始数据格式处理采用的程序是 dataset. py ∕ data_to_mindrecord_byte_image

原始数据 *. jpg 为图像数据，图像尺寸不固定。 *. xml（训练集标签）为标签数据，包含了框和框的类别。

② *. xml 标签数据解析

a. 图片描述，包括图片路径（folder）、名字（filename）。

b. 图片尺寸，包括图片宽度（width）、高度（height）、通道数（depth）。

c. 物体框，包括名字（name）、姿势（pose）、是否被截断（truncated）、是否为难样本（difficult）、框（bndbox）。

其中，框字段中包含左下角 x 坐标（xmin）、左下角 y 坐标（ymin）、左上角 x 坐标（xmax）、左上角 y 坐标（ymax）；名字（name）可选项为"车（car）"。

dataset. py 中，data_to_mindrecord_byte_image 函数将原始数据处理为 MindRecord 格式。字段解析如下所示。

image：原始图片。

annotation：标签，numpy 格式，维度为 $N \times 5$，其中 N 代表框数，5 表示［xmin，ymin，xmax，ymax，class］。

file：图像文件名，为后期可视化存储原始图。

③mindrecord 数据处理（dataset. py ∕ create_yolo_dataset）

mindrecord 数据预处理过程（参考 dataset. py ∕ preprocess_fn）。

a. 图片和框裁剪并调整（resize）到设定输入尺寸（352，640），得到 images。

b. 求框和锚点之间的 iou 值，将框和锚点对应。

c. 将框、可信度、类别对应在网格中，得到 bbox_1、gt_box2、bbox_3。

d. 将网格中的框单独拿出来，得到 gt_box1、gt_box2、gt_box3。

数据预处理流程如图 5. 6 所示。

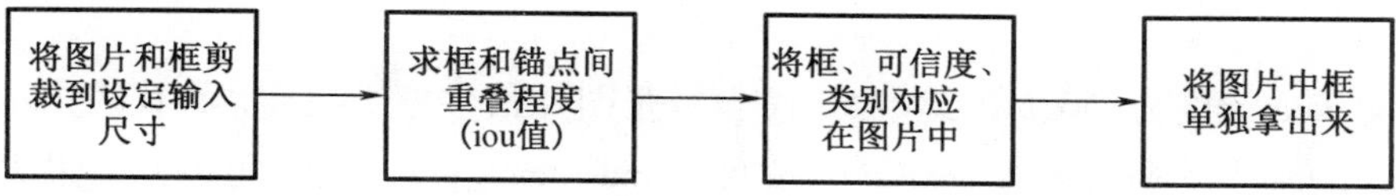

图5.6 数据预处理流程

（4）注意

本章一张图片框数量最多设为50，即最多可以保存50个框。

网格采用大（32×32）、中（16×16）、小（8×8）3种。选取9组锚点，其中包括3个大框、3个中框、3个小框。3个大框锚点采用大网格映射，3个中框采用中网格映射，3个小框采用小网格映射。

对训练图片进行了增强，增强方式包括随机裁剪、随机噪声、翻转、扭曲。

（1）图片和框 resize

本章将图片都统一为（352，640）后再进行训练和推理。

a. 改变测试图片尺寸时使用传统的先裁剪后 resize 的方式，在保证图片不失真的情况下改变图片尺寸。

解析：

• 变量 scale 为真实边和设定边（352，640）的最小比例。为了保证图片不失真，长宽采取相同的缩放比例。

• 将图片 resize 为（nw，nh）后，与设定图片尺寸（352，640）不同，需要进行填充方式，填充采用两边填充，即将 resize 后的（nw，nh）大小的图片放在（352，640）图片的中间，两边填充像素值为128个。

• 测试框不需要做任何处理。

b. 改变训练图片尺寸时在传统的先裁剪后 resize 方式的基础上添加了随机噪声，使图片在失真范围内带有更多的原始图片信息。

解析：

• 变量 h、w 为设定图片大小（352，640），变量 iw、ih 为原始图片大小。

• 变量 scale 为尺度的意思，在 0.25～2 比例尺度范围内获取多尺度特征，得到新的图片大小，nh 和 nw 与 h、w 带有不同尺度特征。

• 变量抖动率（jitter）控制随机噪声大小。变量 new_ar 定义为在宽高比 $\frac{\text{float}(w)}{\text{float}(h)}$ 的基础上乘以一个1左右的随机数，随机数 $= \frac{\_\text{rand}(1-\text{jitter}, 1+\text{jitter})}{\_\text{rand}(1-\text{jitter}, 1+\text{jitter})}$。通过改变 new_ar 从而改变 resize 后的图片大小（nw，nh）。带有噪声的图片（nw，nh）在一定范围内失真，失真比例由 jitter 控制，$\text{new\_ar} = \frac{\text{float}(w)}{\text{float}(h)} \times \frac{\_\text{rand}(1-\text{jitter}, 1+\text{jitter})}{\_\text{rand}(1-\text{jitter}, 1+\text{jitter})}$

• 变量 dx 和 dy 代表噪声大小。

• 对图片和框进行相同的 resize 操作。

操作方式为将大小为（nw，nh）的图片填充到（w，h）的 dx、dy 位置。其他位置用128个像素填充。

● box_data 维度为 [50,5]，其中 50 代表每张图片最多框数设定。5 代表 [xmin, ymin, xmax, ymax, class]。通过修改 config.py 文件的 nms_max_num 大小，可以修改最大框数量。但是最大框数量必须比所有真实数据图片的最大框数大，否则制作数据集的过程中会导致 box 数量过多报错。

● 得到的变量 images 为预处理结果，可以直接输入网络训练。得到的变量 box_data 需要进一步传入函数_preprocess_true_boxes 中进行锚点和网格映射，框中图像参考下一步框预处理。

图片和框 resize 如图 5.7 所示。

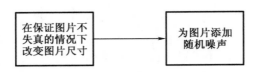

图 5.7　图片和框 **resize**

数据预处理结果可直接用于训练和推理。预处理结果解析如表 5.1、5.2 所示。

表 5.1　网络训练输入数据

名称	维度	描述
images	(32,3,352,640)	图片 [batch_size, channel, weight, height]
bbox_1	(11,20,3,8)	大框在大尺度 (32×32) 映射 [grid_big, grid_big, num_big, label]
bbox_2	(22,40,3,8)	中框在中尺度 (16×16) 映射 [grid_middle, grid_big, num_middle, label]
bbox_3	(44,80,3,8)	小框在小尺度 (8×8) 映射 [grid_small, grid_small, num_small, label]
gt_box1	(50,4)	大框
gt_box2	(50,4)	中框
gt_box3	(50,4)	小框

表 5.2　网络测试输入数据

名称	维度及说明
images	图片 (1,3,352,640)
shape	图片尺寸，如 (720,1 280)
anno	真实框 [xmin, ymin, xmax, ymax]

（4）YOLO V3 训练网络结构

①特征提取（class YOLO V3）

特征提取是 YOLO V3 训练网络的第一步，本章使用 resnet 网络提取特征，分别提取到特征 feature_map1、feature_map2、feature_map3。然后使用卷积网络和上采样将特征和锚点对应,得到 big_object_output、medium_object_output、small_object_output。

输入、输出变量分析如表 5.3 所示。

表 5.3 输入、输出变量分析

名称	维度	描述
输入:x	$(32,3,352,640)$	网络输入图片[batch_size,channel,weight,height]
resnet 输出:feature_map1	$(32,128,44,80)$	大尺度特征[batch_size,backbone_shape[2],h/8,w/8]
resnet 输出:feature_map2	$(32,256,22,40)$	中尺度特征[batch_size,backbone_shape[3],h/16,w/16]
resnet 输出:feature_map3	$(32,512,11,20)$	小尺度特征[batch_size,backbone_shape[4],h/32,w/32]
输出:big_object_output	$(32,24,11,20)$	输出小尺度特征[batch_size,out_channel,h/32,w/32]
输出:medium_object_output	$(32,24,22,40)$	输出中尺度特征[batch_size,out_channel,h/16,w/16]
输出:small_object_output	$(32,24,44,80)$	输出大尺度特征[batch_size,out_channel,h/8,w/8]

解析: 本次训练 out_channel = 24,计算方式为

$$out\_channel = \frac{len(anchor\_scales)}{3} \times (num\_classes + 5)$$

式中,out_channel 为结果通道路数;len(anchor_scales)为锚比例因子长度;num_classes 代表 8 个标签,分别为 4 个位置信息(框的中心点坐标和框的长宽)、1 个置信度(框的概率)、类别信息(共 3 类)。

②检测(class DetectionBlock)

检测网络的目标是从上面的特征中提取有用的框。

训练网络返回值为 grid, prediction, box_xy, box_wh。

a. 变量 grid 为网格。

b. 变量 prediction 为预测值,但是并非绝对预测值,而是相对值。此预测中心点的坐标为相对于其所在网格左上角的偏移坐标,此预测网格的宽高值为相对于其对应的锚点的偏移坐标,即 prediction 与网格和锚点对应。

c. 变量 box_xy 为预测中心点坐标,为 prediction 转换后的绝对坐标。

d. 变量 box_wh 为预测宽高,为 prediction 转换后的绝对坐标。

测试网络返回值为 box_xy, box_wh, box_confidence, box_probs。

e. 变量 box_xy 为预测中心点坐标,为绝对坐标。

f. 变量 box_wh 为预测宽高,为绝对坐标。

g. 变量 box_confidence 为预测框置信度。

h. 变量 box_probs 为预测框类别。

上面为检测网络的输出的介绍。检测网络的输入为特征提取网络的输出,前面已经介绍。表 5.4 为小尺度检测网络输出维度。

表5.4　小尺度检测网络输出维度

名称	维度	描述
grid	$(1,1,11,20,1,1)$	网格,这里网格进行了转置,$[w/32,h/32]$
prediction	$(32,11,20,3,8)$	预测相对结果,$[batch\_size, h/32, w/32, num\_anchors\_per\_scale, num\_attrib]$
box_xy	$(32,11,20,3,2)$	预测中心点绝对坐标,$[batch\_size, h/32, w/32, num\_anchors\_per\_scale, num\_attrib]$
box_wh	$(32,11,20,3,2)$	预测宽高绝对宽高,$[batch\_size, h/32, w/32, num\_anchors\_per\_scale, num\_attrib]$
box_confidence	$(32,11,20,3,1)$	预测绝对置信度,$[batch\_size, h/32, w/32, num\_anchors\_per\_scale, num\_attrib]$
box_probs	$(32,11,20,3,3)$	预测绝对类别,$[batch\_size, h/32, w/32, num\_anchors\_per\_scale, num\_attrib]$

假设偏移量 prediction 各分量为 t_x、t_y、t_w、t_h、$t_{confidence}$、t_{probs},分别为中心点相对于所在网格左上角偏移量 t_x、t_y,宽高相对于锚点偏移量 t_w、t_h,置信度和类别为 $t_{confidence}$、t_{probs};假设预测框绝对值为 b_x、b_y、b_w、b_h、$b_{confidence}$、b_{probs},分别为中心点坐标 b_x、b_y,宽高 b_w、b_h,置信度和类别为 $b_{confidence}$、b_{probs};假设网格点为 c_x、c_y;假设锚点宽高为 p_w、p_h。相对量(或偏移量)和绝对量之间的转换公式如下:

$$b_x = \sigma(t_x) + c_x$$
$$b_y = \sigma(t_y) + c_y$$
$$b_w = p_w \times e^{t_w}$$
$$b_h = p_h \times e^{t_h}$$
$$b_{confidence} = \sigma(t_{confidence})$$
$$b_{probs} = \sigma(t_{probs})$$

(5)参数设定

网络参数设定用程序 src/config.py。

(6)进行地图标注

经过 15 000 次的训练,训练好的模型保存在对应的 OBS 桶的位置,利用这个模型文件已经可以对目标图片中的车辆进行判断,接下来就是在地图上对车流量信息进行标注。通过读取框图中形状(shape)的长度判断出该路段的车辆数量,使用百度地图 API——静态地图生成助手,找到太平桥附近的地图,生成静态地图并保存。

```
import matplotlib. pyplot as plt
import matplotlib. image as mpimg # mpimg 用于读取图片
import numpy as np
tpq = mpimg. imread('tpq. png')
```

用上述语句读取静态地图,通过判断语句对道路路况信息进行判断,分为顺畅、一般拥堵、严重拥堵 3 个级别,并用绿色、黄色、红色对道路路况进行标注。代码如下:

```
x1 , y1 = [20 , 350] , [130 , 230]
x2 , y2 = [400 ,680] , [230 ,80]
x3 , y3 = [360 ,225] , [270 ,475]
plt. plot(x1 , y1 , c = 'r' , linewidth = 10 , alpha = 0.5)
plt. plot(x2 , y2 , c = 'y' , linewidth = 10 , alpha = 0.5)
plt. plot(x3 , y3 , c = 'g' , linewidth = 10 , alpha = 0.5)
```

最终实现了输入一张对应路段图片即可在地图上实时显示路况信息的功能。

5.3.4 结果分析

1.道路车辆图片的训练

如图5.8中所示,在华为云平台OBS服务中将所需要的代码及数据集上传,code文件夹中为YOLO V3代码文件,data文件夹中为标注完成的汽车数据集,out-train文件夹为训练模型的输出位置。

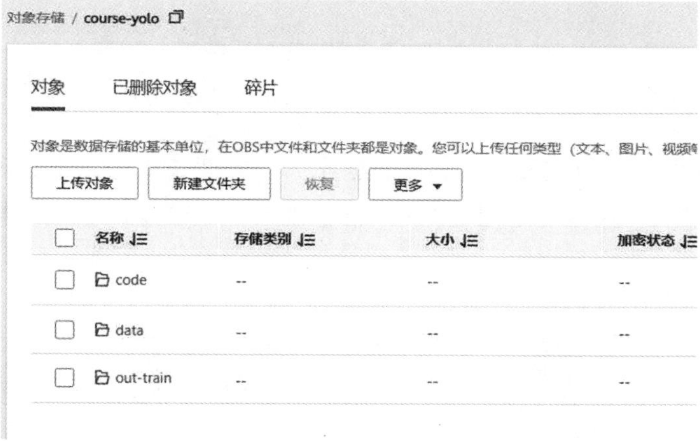

图5.8 OBS桶中文件目录

在华为云平台ModelArts服务中,打开Notebook进行工作环境的配置。

打开配置好的Notebook,main. ipynb文件为训练推理的入口文件,config. py文件为配置文件,dataset. py文件是数据集处理文件,utils. py文件为工具类文件,yolov3. py文件是算法总代码文件。

经过15 000次训练后,损失函数最终在13~17之间振荡,同时也生成了对应的权重文件,并保存在OBS桶中的out-train文件夹中。

如图5.9所示就是最终的识别效果,3张图片分别代表3种不同的路况。

(a)路况图片一 （b)路况图片二

(c)路况图片三

图 5.9　道路图像识别结果

2. 路况识别

经过对结果数据的分析,找出 shape 数据作为最终图片中识别车辆的数量信息,读取 shape 数据并做判断,使用百度地图 API——静态地图生成器生成了太平桥路口的地图,如图 5.10 所示。

图 5.10　百度地图生成的太平桥路口静态地图

通过对 shape 判断的语句将识别出的路况分为 3 类:通畅、一般拥堵、严重拥堵,使用本地计算机 Python 编程语句 plt 将 3 种路况根据实际情况标注在地图上的相应路段,结果如图 5.11 所示。

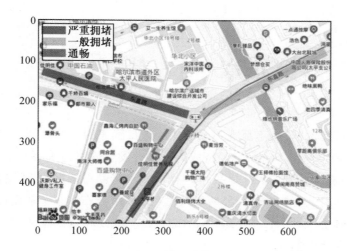

图 5.11　最终地图标注效果

【思考题】

1. 阐述智能道路交通信息系统的设计实现过程。
2. 查阅资料,介绍一下如何用无人机实现智能测控仪器。

第6章 智慧海洋

在陆上资源日趋紧张、生态环境不断恶化和人口膨胀问题的挑战下,当今世界各国纷纷将发展的目光投向海洋,发展海洋经济成为可持续发展战略的重要基础。我国的海疆幅员辽阔,有着18 000多千米的大陆岸线和14 000多千米的岛屿岸线,管辖的海域近300万平方千米,全国70%以上的大城市、55%的国民经济产值分布在东部和南部沿海地带,海洋在我国国民经济和社会发展中占有重要的战略地位。开发和利用海洋,对于我国的长远发展将具有越来越重要的意义。

对海洋的合理开发和利用必须建立在丰富的海洋信息基础之上。要有效开发海洋资源、发展海洋经济和保护海洋环境,必须认识并掌握海洋环境的特点和变化规律,而海洋环境监测是人类认识海洋、掌握海洋环境条件及其变化规律的基本手段。从某种意义上讲,海洋环境监测的能力,直接影响着海洋资源开发和海洋环境保护的程度和效果。

6.1 智能海洋环境监测

近些年来,随着海洋与气候问题逐渐成为各国关注的战略问题之一,关于海洋的观测与国际合作也逐渐被提上日程,成为越来越紧迫的话题。本节就是对全球海洋观测系统进行了全面和系统的梳理,分别从"全球海洋观测系统"的设计与发展、区域联盟、最新观测技术3个主要方面进行详细的分析与论述。

1. 设计与发展

全球海洋观测系统的构建基于梳理海洋在全球气候中所扮演的角色的需求。为响应第二届世界气候会议的号召,政府间海洋学委员会(IOC)在1991年3月创建了全球海洋观测系统。关于海洋观测系统对气候的研究的第一次国际会议于1999年10月在法国圣拉斐尔召开。

自2009年召开的全球海洋观测大会以来,全球海洋观测系统已经对传统焦点即海洋在全球气候中扮演的角色进一步优化。全球海洋观测系统如今包含海洋业务应用和海洋生物生态环境,从海洋本身到有部分世界人口居住的沿海环境,开创了大部分跨地区、团体和技术的机遇,提高了各个相关企业乃至所有得到利益的国家在全球海洋观测领域的参与度。为满足新需求,全球海洋观测系统将会开发出一些新的系统网络,包括高频雷达、海洋滑翔机及生物追踪设备,全球海洋酸化观测网络,国家海洋观测项目等。未来的研究重点包括原位系统和遥感海洋观测平台,以及气象学和海洋学的全面综合方法。

2.区域联盟

全球海洋观测系统指导委员会(简称"指导委员会")已经确定了重点的、有限的终生发展项目——全球海洋观测系统试点项目,这是推动全球海洋观测系统发展的有效方法,既可用于重新设计成熟的观测系统,又可用于将观测系统扩展到新的领域。"热带太平洋观测系统2020"项目就是一个早期的例子。最初,全球海洋观测系统试点项目由指导委员会选择或由专家小组制定。在2015年第七届全球海洋观测系统区域论坛上,有人提倡各区域联盟也应参与制定和提议全球海洋观测系统试点项目。

全球海洋观测系统区域联盟委员会认为这是一个特别重要的发展。由于各个联盟具有显著异质性,确定能使所有联盟受益的优先事项是不可能的。对于具有不同能力水平的联盟小团体来说,围绕共同关心的问题进行合作似乎更为合理。全球海洋观测系统试点项目为此提供了一种合作机制。

尽管在过去的十年中取得了进步,但全球海洋观测系统区域联盟的治理和资金方面的显著差异性仍旧带来挑战。几个全球海洋观测系统区域联盟是在治理协议的基础上创立的,这些协议不容易允许添加新的合作伙伴。利益相关者的反馈表明,全球海洋观测系统需要在与其扩展的愿景和使命相关的海洋观测工作方面变得更加包容,并在促进扩展和成长方面更具创造力。对于生物基本海洋变量及社会效益最高的大陆架和沿海海洋系统等方面,情况尤其如此。

应对这种挑战的机会确实存在。利用2018年6月在哥伦比亚举行的全球海洋观测系统指导委员会会议的优势,人们组织了一次全球海洋观测系统南美洲地区研讨会,以讨论该地区海洋监测的区域项目和国家战略。该研讨会被认为是一个历史性事件,聚集了来自南美洲各地的关键参与者和团体,他们对实现全球海洋观测系统的愿景和使命有着共同的兴趣,因此其计划与全球海洋观测系统的十年战略高度吻合。它强调了一个事实,即当前无法参与全球海洋观测系统区域联盟机构的某些区域也具备很重要的能力,必须加以了解并努力消除阻碍。

支持多国海洋观测工作和国家内部真实能力建设的资金短缺问题也是一个严峻的挑战。全球海洋观测系统区域联盟委员会表明,发展为解决区域优先事项和提升国家能力的项目是容许的,这些项目值得全球海洋观测系统指导委员会的认可。但是,如果没有为此类项目提供资金的机制,那么某些联盟对全球海洋观测系统的愿景和使命的贡献将继续受到严重限制。

3.最新观测技术

全球海洋观测系统寻求就3个关键主题协调全球海洋观测——气候、应用服务和海洋生态系统健康。为了满足这些扩展的需求,显然需要新的观测结果和数据。对于生物海洋基本变量的测量及将全球海洋观测系统从远海扩展到大陆架和沿海系统而言,尤其如此。

(1)将新的观测技术和网络带入全球海洋观测系统

多个全球海洋观测系统区域联盟正在运行高频雷达网络、海洋滑翔机、动物标签计划和海洋酸化网络。全球海洋观测系统区域联盟委员会主张将这些网络正式纳入全球海洋观测系统。

①高频雷达

全球高频雷达网络(GHFRN)成立于 2012 年,是地球观测小组(GEO)推广的高频雷达技术的一部分。高频雷达网络可在海岸线 200 千米以内每小时生成一次海洋表面流动图。该技术正在成为区域海洋观测系统的标准组成部分。该网络的增长保持稳定,目前大约有 400 个站点正在运行并实时收集地表当前信息。但是,目前仅使用该技术测量了全世界 2% 的海岸线。截止到 2018 年,地球观测小组列表中约有 281 个站点报告。亚太地区约有 140 个站点安装处于活动状态,并且随着菲律宾和越南的安装,预计这一数字还会增加。在全球高频雷达网络网页上显示,2020 年地面的组织数量也从 2016 年 11 月的 7 个增加到 13 个。

全球高频雷达网络旨在使整个地区的数据格式标准化,制定质量控制标准和发展高频雷达测量的新兴应用,并加速将表面流动测量吸收到海洋和生态系统模型中。参与海洋和海洋气象联合技术委员会观测协调小组对于达成这些目标非常重要。全球海洋观测系统区域联盟理事会已经提倡将高频雷达作为观测要素纳入全球海洋观测系统,并帮助推动制定网络规格表以供全球海洋观测系统指导委员会批准。但是,这还尚未实现。

②海洋滑翔机

水下滑翔机和其他自主水面平台是独特而通用的观测平台。它们可以在关键数据稀疏的地区持续自主地对水面及以下的海洋数据进行收集,这对其他观测平台来说是具有挑战性的。随着国家级等级别的水下滑翔机操作的发展和成熟,人们已经意识到区域和国际合作的好处和机会。

从区域上讲,滑翔机运营商聚集在一起,形成了每个人的滑翔机观测站(EGO)和水下滑翔机用户组(UG2)等用户群,以共享最好的实际操作,提高操作可靠性和数据管理,并共同努力改善滑翔机监控、海洋观测及滑翔机平台的开发。从国际上讲,海洋滑翔机组是从上述用户群发展而来以实现此目的的。海洋滑翔机组已成立任务小组,将国际滑翔机的工作重点优先放在边界水流、暴风雨、水域改造、极地地区和数据管理等领域。全球海洋观测系统区域联盟理事会已支持这些方面的研究,同时海洋滑翔机组正在与海洋和海洋气象联合技术委员会观测协调小组沟通合作,使海洋滑翔机作为一个新兴网络。不出意外地,鉴于海洋滑翔机具有收集各种规模的物理、生物、地理和化学的测量值的能力,其最终将成为全球海洋观测系统的重要组成。

③动物追踪

全球海洋观测系统生物学和生态系统专家组于 2013 年成立。截止到 2018 年,该专家组已为全球海洋观测系统定义了 9 种新的生物海洋基本变量。其中包括“鱼类的丰度和分布”及“海龟和鸟类、哺乳动物的丰度和分布”。动物跟踪技术(声学和卫星技术)在全球范围内被广泛使用,可以持续观测物种的分布和丰度。

海洋追踪网络(OTN)在全球 5 个大洋中提供了一种全球性的声学接收器基础设施。在加拿大政府的投资与其他国际伙伴的合作配合下,海洋追踪网络已在全球部署了 2 000 多个声学跟踪站(接收器),并跟踪了 130 多种具有商业化、生态化和文化价值的水生物种。

卫星跟踪正在通过海洋哺乳动物探索海洋两极财团进行协调,该财团代表海洋哺乳动物探索海洋两极。海洋哺乳动物探索海洋两极项目汇集了多个国家的计划,从而建立一个全面控制质量的海洋数据数据库,该数据库是在极地地区从人工海洋哺乳动物中获取的。自 2004 年以来,通过在海洋哺乳动物(如南部象海豹)上贴标签,在世界海洋中已收集了超过 500 000 个温度和盐度垂直剖面。这些数据是对全球海洋观测网(ARGO)收集的数据的补充,并且已经证明在其他观测数据稀疏或缺失的海豹采样区域将温度剖面吸收到全球海洋预报模型中对区域温度和盐度的预测具有积极影响。

包括美国综合海洋观测系统、欧洲全球海洋观测系统和海洋综合观测系统在内的多个全球海洋观测系统区域联盟都在进行动物跟踪项目,并致力于支持国际动物跟踪数据标准化。现在,这些区域联盟正与海洋和海洋气象联合技术委员会观测协调小组合作,建立一个名为"动物仪器"的新兴网络。

④全球海洋酸性观测网络(GOA – ON)

全球海洋酸性观测网络是一种国际合作方法,用于记录远海、沿海和河口环境中的海洋酸性的状况和进展,了解海洋酸性对海洋生态系统的驱动力和影响,并提供必要的时空分解和生物、地理、化学数据以优化海洋酸性的建模。

具有海洋酸性计划的全球海洋观测系统区域联盟通过全球海洋酸性观测网络和全球海洋酸性观测网络数据浏览器关注海洋酸性活动。数据浏览器提供对海洋酸化数据和数据合成产品的访问和可视化,这些酸化数据和数据合成产品是从全球范围内各种来源收集的,来源包括系泊设备、科研巡游船和固定时间序列站。

全球海洋酸化观测网络参加了 2017 年第八届全球海洋观测系统区域论坛。它正在开发类似于全球海洋观测系统区域联盟的区域网络,包括非洲、北美枢纽、太平洋岛屿枢纽、北极枢纽、西太平洋和澳大利亚。此外,全球海洋酸性观测网络遵守全球海洋观测系统数据原则,并且其全球数据门户网站是在美国综合海洋观测系统数据门户网站的基础上建立的。这为全球海洋观测系统区域联盟帮助全球海洋酸性观测网络建立其区域网络,以及全球海洋酸性观测网络帮助全球海洋观测系统区域联盟将非传统合作伙伴引入全球海洋观测系统企业提供了机遇。

(2)协作观测、数据汇总及交换

海洋和海洋气象联合技术委员会观测协调小组已将高频雷达、海洋滑翔机和动物载具确定为新兴网络。这些网络渴望实现全球使命,海洋和海洋气象联合技术委员会观测协调小组可以在制定实现此目标所需的策略、流程和系统时提供建设性意见和严谨管理。但是,海洋和海洋气象联合技术委员会观测协调小组活动的范围将受到限制,该活动目前涵盖了测量物理、生物、地理和化学等基本海洋变量的网络。例如,全球海洋观测系统中生物与生态系统专家组已指定了新的生物基本海洋变量,包括硬珊瑚、海草、大型藻类和红树林。这就很难看到如何通过海洋和海洋气象联合技术委员会观测协调小组更有效地完成对测量这些变量所需的全球网络的观测协调成果。与此相关的是,新观测技术和网络需要成为全球海洋观测系统的一部分,必须发展具有鲁棒性和可持续性的数据汇总和交换机制。重要的是,高频雷达、海洋滑翔机和动物载仪器这些"新兴网络"都在致力于其内部数据的标准化,这应该得到大力鼓励和支持。

海洋和海洋气象联合技术委员会开放式接入全球电信系统(GTS)试点项目是一项令人

兴奋的发展,它具有极大增强海洋数据汇总和交换能力的潜力。一方面,世界气象组织(WMO)全球电信系统的严谨性和鲁棒性为海洋学团体设定了标准。另一方面,目前海洋学团体的许多人发现很难将数据从全球电信系统中输入和输出,这就限制了其应用。开放式接入全球电信系统试点项目旨在从全球电信系统检索新插入的数据,用世界气象组织代表气象数据格式的二进制通用格式(BUFR)对数据进行解码,将数据和元数据添加到数据库中,并可通过网络可访问的工具进行访问,具有可视化特点。

全球海洋观测系统的扩展涵盖了生物基本海洋变量、大陆架和沿海海洋系统,这在数据访问、汇总和交换方面提出了一些独特的挑战。海洋生物地理信息系统(OBIS)与全球海洋观测系统生物学与生态系统专家组共同合作应对这些挑战。海洋生物地理信息系统旨在为科学保护和可持续发展提供有关海洋生物多样性的全球开放数据和信息交换。

在未来十年中,应考虑并实现更多的物理、生物、地理、化学观测系统,如高频雷达、海洋滑翔机、动物标记和跟踪,无人潜器和 ARGO 浅水剖面浮标,并作为全球海洋观测系统中的观测要素。全球海洋观测系统应该促进各种系统之间的更好协调,如全球海洋酸性观测网络和海洋生物多样性观测网络。观测协调和数据汇总、交换对于把握跨地区、团体和技术的新合作所提供的机会至关重要。

6.2　海洋环境监测立体感知体系

为应对大数据时代海洋信息化建设在海洋环境监测、海洋信息获取等方面的需求,本节分析总结海洋环境智能化监测与利用过程中存在的问题,并在此基础上开展海洋环境监测立体感知体系架构设计及关键技术与设备研究,实现对多种海洋要素的立体、实时、原位在线监测,为实现智慧化的海洋开发与利用提供数据支撑,具有重要的战略和经济意义。

自有历史记载以来,海洋就在人类社会演变的进程中发挥着至关重要的作用,"海洋强国"的理念一直主导着世界的发展。进入 21 世纪,随着以物联网、云计算、大数据等为代表的新一代信息技术的快速发展,人们对于海洋强国的认识在原有的基础上加入了利用信息技术"认知海洋、管理海洋、开发海洋"这一全新维度,成为各国海洋管理的软实力。在此大环境背景下,近年来我国对海洋事业的投入不断加大,"海洋强国""智慧海洋"等相关政策理念相继被提出,对我国海洋监测领域的建设也有了更高的要求。近几年,我国海洋环境监测得到迅速的发展,卫星遥感、海上浮标、自动验潮仪、水质自动监测站、高清视频监控等技术设备被广泛应用于海洋环境监测中,大幅提高管理部门对海洋环境信息的获取能力。但在实现海洋环境信息智能化监测与利用的过程中,仍存在下列问题:空间信息获取手段智能化程度有待提升,数据获取效率不高;水下信息智能化获取手段缺失;常规作业船只无法靠近区域,其监测信息难以获取;海上应急监测数据获取不及时;海洋灾害预报信息准度、精度有待提高等。针对上述问题,开展海洋环境监测立体感知体系架构设计及关键技术与设备研究。

6.2.1 立体感知体系架构设计

海洋环境监测立体感知体系建设是指集合海洋空间、环境、生态、资源等各类数据,整合多种海洋观测技术和统计调查手段来构建高密度、多要素、全天候、自动化的海洋智能感知系统,为海洋生态保护、海洋防灾减灾、海洋科学研究和海洋经济发展等方面提供基础数据保障。为保证海洋环境数据获取的全面性、准确性,部署构建天基、空基、海基、岸基4个维度的观测网络,统筹调配观测资源,形成覆盖全海域的"天、空、地、海"立体观测体系,立体感知体系架构如图6.1所示。

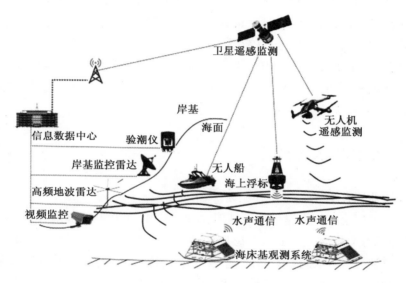

图6.1 立体感知体系架构

1. 天基海洋观测系统

天基海洋观测系统运用卫星及其他航天器作为海洋监视、监测传感器载体,以多源遥感数据作为数据源,利用"3S"技术(遥感、地理信息系统和全球定位系统)实现对沿海及管辖海域全覆盖、立体化、高精度的动态监视、监测,并对海域使用状况进行动态综合评价。天基遥感监测数据主要用于岸线解译与分类、海岸带土地利用及滩涂资源的统计、用海建设项目范围审批核查等,实现对海域使用情况的动态监视、监测。

2. 空基海洋观测系统

空基海洋观测系统主要运用无人机遥感技术,以无人机为载体,搭载光学测量传感器、激光测量传感器等,获取海洋重点关注区域、环境敏感区域的监测信息。在海洋环境监测方面,空基海洋观测系统具有机动灵活、反应快速、分辨率高、成本低等特点,能迅速获取资源环境变化数据,实现对海洋全天候、高精度的监测。空基海洋观测系统主要对海域进行常规化的监视、监测,包括海洋动态监测与执法、海冰监测、赤潮分析、海洋动力遥感观测、风暴潮及赤潮灾害监测、海洋参数反演等。

3. 海基海洋观测系统

海基海洋观测系统是在海面、海底布设相应的海洋监测仪器(包括海洋环境浮标、波浪浮标、无人船监测、海床基剖面观测站等),实现从海底向海面的全天候、实时和高分辨率的多界面立体综合观测,完成对海洋水文要素(潮位、海流、波浪)、海洋生物要素(叶绿素)、海洋理化要素(温度、盐度、溶解氧、pH 值、营养盐)等参数的在线监测及一体化地形测量、水下构筑物测量等,服务于海洋环境监测、灾害预警、国防安全等多方面的综合需求。海基海洋观测数据与海洋物理、生态和生物化学模式紧密结合起来,可实现对海洋环境的可预报性,为深入认识海洋环境提供长时效的多参数海洋环境实时监控和原位科学试验平台。

4. 岸基海洋观测系统

岸基海洋观测系统是在近岸、岛礁或海上构筑物上布设相应的海洋观测传感器,实现对海洋要素实时、全天候的原位观测。常见的岸基海洋观测系统主要包括潮位观测站、岸基地波雷达站、岸基地表径流监测站和岸基动态视频监控站等。岸基海洋观测系统通过采集水文要素、海洋气象要素、海洋环境要素和现场影像资料等,为台风、风暴潮、海啸等灾害预报提供基础数据源,同时也为海上导航、跟踪、救援,以及海洋工程的设计、施工和维护提供决策支持。

6.2.2　关键技术与设备

1. 卫星遥感监测技术

为了从空间尺度上掌握海岸带土地利用、海域使用的类型并开展海洋滩涂资源统计等工作,在海洋环境监测领域引入卫星遥感监测技术,通过在卫星上搭载的遥感器向海面发射电磁波,再由接收到的回波提取海洋信息或成像。卫星遥感作为一种长时间和大范围的监测手段,可及时获取对立体空间覆盖范围更广、分辨率更高的遥感影像数据,结合地球物理模型、地面跟踪算法、误差修正算法、精密定轨算法等对遥感影像数据进行解译,从而获取海洋动力环境参数、海洋光学参数等数据,为海洋管理、海域使用和开发利用提供科学的技术依据。卫星遥感监测数据应用流程如图 6.2 所示。

2. 无人机遥感监测平台

卫星遥感监测技术主要对在空间大尺度上的整体范围内的海域信息进行监测,监测频率一般为一年一次或几次,无法满足对海域信息高频、快速获取的需求,为此设计引入无人机遥感监测平台,利用先进的无人驾驶飞行技术、GPS 差分定位技术及遥测遥控技术等,开展无人机倾斜摄影(图 6.3)、无人机高光谱遥测(图 6.4)、无人机激光雷达扫描(图 6.5)等工作,实现对海域空间遥感信息的精细化、快速获取。无人机遥感精细化调查可与卫星遥感大范围观测优势互补,形成立体观测,以提高海洋空间数据获取能力。

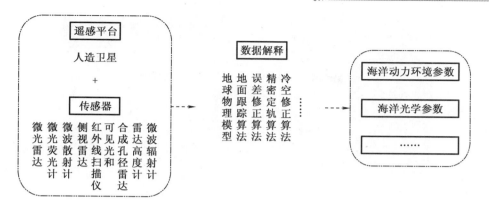

图6.2 卫星遥感监测数据应用流程

图6.3 无人机倾斜摄影

(a)   (b)

图6.4 无人机高光谱遥测

图 6.5　无人机激光雷达扫描

3. 超视距雷达监测技术

为实现对海面运动目标、低空飞行目标、海洋动力学参数的超视距探测,在立体感知体系中引入超视距雷达监测技术(图 6.6),利用短波(3~30 MHz)在导电海洋表面绕射传播衰减小的特点,采用垂直极化高频电磁波,探测海平面视线以下出现的舰船、飞机、冰山、导弹等运动目标的距离、方位、速度等参数信息,同时利用海洋表面对高频电磁波的一阶散射和二阶散射机制,从雷达回波中提取风场、浪场、流场等海况信息,实现对海洋环境大范围、高精度和全天候实时监测。

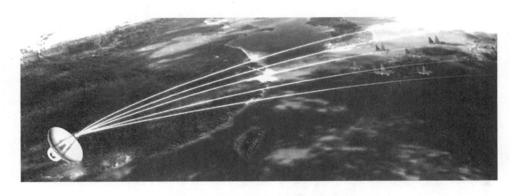

图 6.6　高频地波超视距雷达监测

4. 海床基综合观测平台

目前,海洋浮标的监测只局限于对表层水体的观测,无法实现对海洋水下环境数据的连续自动获取,为弥补水下观测手段缺失的不足,引入海床基观测平台,以实现对海底环境的长期、连续、动态观测。国内外关于海床基观测平台的研究已经历几十年的不断发展,其结构设计的好坏是决定海床基平台应用的关键,目前很多海洋仪器公司和科研机构都推出了海床基平台产品,如适用于浅海的 Seaprovider、CAGE en PEHD、AL – 200/500TRBM、Barny Sentinel 等,适用于深海的 GEOSTAR、Sea Floor Docking Station 等,这些海床基平台产品在使用时需综合考虑适用海域的环境特点、实现功能、成本和安装等诸多因素。为有效保证水下观测数据的长期性、连续性,解决坐底式海洋原位观测装置存在回收打捞困难、有效搭载空间过小等问题,对海床基综合观测平台整体采用顶底双层结构模块化设计,上部为配有浮力材料的搭载观测设备和释放器的顶支架,下部为配重底支架。结构中所有的钢管都打有透水孔,以防止水下压力过大产生形变;底部设计透水孔和导流板,保证下落过程中姿态的稳定。

(1)脱离释放方案。将2只浅水声学释放器与机械脱离装置相结合,采用二级脱离装置,即每只声学释放器均可独立脱离上层平台,脱离上层平台后,不仅能自行上浮,而且都能够启动顶支架上的机械脱钩装置,使上层平台与底支架脱离,实现上层支架整体上浮。如发生支架下部被海底沉积物掩埋或卡住的情况,还可利用释放器上的缆绳拖曳支架使其离开泥面,随即自行上浮到达水面。

(2)回收方案。作业船只可利用声学释放器与顶支架之间的连接缆绳完成打捞回收。海床基工作状态如图6.7所示。

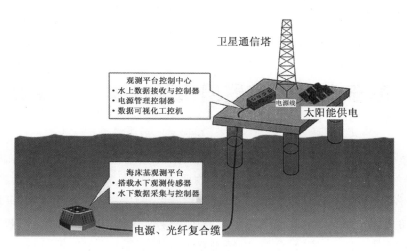

图 6.7 海床基工作状态

5. 水岸一体化无人船综合勘测

针对目前常规作业船只无法靠近的近海潮间带区域、复杂危险海域等不宜通航区域的测量,采用无人船搭载侧扫声呐、合成孔径声呐、条带测深系统、浅地层剖面仪、多参数剖面测量系统、气象观测系统、声学多普勒流速剖面仪(acoustic doppler current profiler, ADCP)等设备构建水岸一体化无人船勘测平台(图6.8),以遥控或自主运行的方式完成近岸海域水上、水下一体化地形测量,水下构筑物测量、岛礁测量、水质参数测量等工作,同时可以在发生污染事件的时候测量污染水团附近的水流情况,为判断污染扩散和去向情况提供数据支持。

综上所述,在总结大数据智能化时代背景下海洋环境监测存在问题的基础上,提出构建"天、空、地、海"一体化的立体感知网络体系,通过卫星遥感监测与无人机遥感监测的有机结合,提高海洋环境空间信息的获取能力;利用海床基观测平台实现对水下观测数据的长期、连续自动监测,弥补水下信息智能化获取手段缺失不足;利用超视距雷达监测技术提高海洋灾害预报信息的准确度和精度;通过无人船搭载相应测量设备的方式对常规作业船只无法靠近的近海潮间带区域、复杂危险海域等地实施海洋信息监测并开展海上应急监测,为实现近海海域全域监测奠定技术基础。

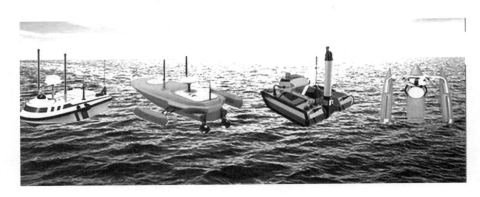

图 6.8　无人船勘测

6.3　基于无线传感器网络的海洋环境监测系统

随着无线传感器、嵌入式技术、物联网及大数据处理等技术的飞速发展,无线传感器网络(WSN)已经成为当前全球物联网领域、大数据处理领域、人工智能等领域的研究重点。它可以通过各类生物传感器、化学传感器、物理传感器等协作进行实时感知、采集及处理各种监测对象的数据,而这些实时监测数据可通过微波信号、Wi-Fi、卫星信号、蓝牙等通信方式被发送到远端控制中心处理、存储,以便研究人员或普通用户对数据进行查询、调用。从而形成一个计算机网络、人类社会及自然物理世界联通的物联网系统。无线传感器网络在城镇交通管理、地震抢险救灾、环境污染监控、危险地段监控、反恐反暴治安等方面具有非常广阔的应用前景。无线传感器网络在海洋环境范围内最重要应用之一便是海洋环境实时监测系统。

随着全球各国持续高速发展,海洋资源开发的重要性也随之凸显。而在资源开发的同时,对于海洋环境的生态保护也必须得到高度关注。海洋环境实时监测系统通过各无线传感器节点采集海洋环境数据并通过卫星网络等无线通信手段将数据传送给远端控制台加以存储及调用。它实现了对目标海域的实时、立体监测及相关信息处理,为有关科研人员或普通用户提供服务。海洋环境实时监测系统的目标是为公众或科研迅速、实时地提供海洋生物资源和生态环境的变化信息,以方便进行及时预测或相关研究。现代海洋环境实时监测总体趋势为高技术化、高集成度化、高时效化、多平台化、数字化等。相比于几个典型的国外海洋机构所主持的项目,如美国海洋监测 IOOS 项目、欧洲的海洋监测 ROSES 项目、美法联合研制的 ARGOS 系统及国际海洋监测 GOOS 项目等,我国的海洋环境监测系统相关技术发展较晚,同欧美等国家和地区相比,仍存在着较大差距。然而,随着我国对海洋资源的开发,海洋环境监测领域也随之得到重视,海洋环境监测技术被列入国家"863"计划。因此,我国的海洋环境实时监测领域也得到了空前的发展。面对复杂的海洋环境,为了获取精确的测量信号,常常需要传感器进行高分辨率、高速的采样,由此必然会产生海量的实时数据,这既不利于数据的实时传输,也耗用了大量存储空间。而且由于无线传感器网络中的监测节点往往是无人值守及非固定的,其电量十分有限且无法对其进行充电。这就需要在整个前端传感器网络的软件或硬件环节都能达到一定的节能效果,而如何在保证采集信息的精度的情况下,降低传感器网络能耗正是目前海洋无线传感器网络领域研究的热门问题。

此外,相比于以前单一海洋元素采集传感器,多传感器独立采集海洋元素。海洋环境实时监测系统要发展到区域监测海域系统集成,多传感器、多元素采集器集成,并能通过移动通信网、微波通信、Wi-Fi 等多种方式服务。海洋监测系统需要集成 pH 仪、温盐深仪、水流量仪、风向仪等设备,其输出既有模拟信号、数字信号、通信接口又有串口 RS232、RS485、USB 等,数据传输协议、数据传输格式等都存在极大不同,需要将这些数据融合、集成、打包发送出去,并能确保接收端获取的数据的精度,从而建立一个大型的海洋监测物联网数据采集、处理、传输、存储及展示的平台。不论在何时何地,采用手机终端或 PC 机等方式为获取权限的用户提供便利、安全的实时数据访问、操作服务也是当前海洋环境监测应用所面对的主要问题。

6.3.1 海洋环境监控系统概述

构成海洋环境实时监测系统的 3 个主要子系统分别为数据管理系统、数据传输通道及无线传感器网络。其中无线传感器网络包括温盐深、pH 值、水速流向等传感器节点、前端数据采集器及信号发送接收装置。由于海洋环境恶劣,数据传输手段主要为卫星通信。信息实时处理系统主要包括信号接收和发送装置、中央控制电脑及大型数据库。海洋环境监控系统结构如图 6.9 所示。

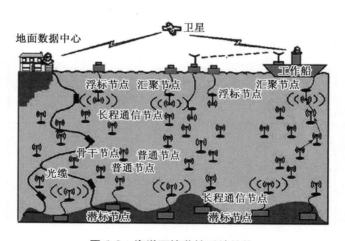

图 6.9 海洋环境监控系统结构

海洋环境监控系统的工作流程为海洋无线传感器子节点,实时采集温度、盐度、深度、pH 值、水速流向、叶绿素等海洋数据并发送给簇节点;然后簇节点将接收的数据处理、压缩、打包后,通过卫星信号发送给近海工作站控制电脑;控制电脑将数据解包、解压后,通过移动通信网络或光纤网络,将数据存入远端数据库。用户即可通过移动终端或互联网实时查看海洋环境数据。

同其他监测体系相比,海洋环境实时监测系统具有如下特点:第一,传感器节点的价格较为便宜,分布投放在监测海域中可以有效地降低系统成本。第二,系统可以在无人工干涉的情况下自动进行组网,从而保证网络的实时性、独立性。第三,通过对大量传感器节点采集数据的冗余分析及处理,能得到更加精确的目标海域环境的实时监测结果。

(1)海洋环境监测系统组成结构

目前海洋环境监测系统组成结构大致包含以下 5 层,即感知层、采集层、网络层、管理层和应用层。其系统框架如图 6.10 所示。

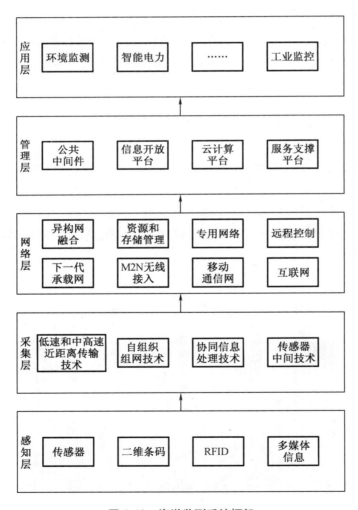

图 6.10　海洋监测系统框架

①感知层。感知层是海洋环境监测系统采集数据的前端。它将传感器采集得到的生物量、物理量或化学量的模拟信号,通过下降沿或上升沿计数器转化为数字信号。此层一般包括各类传感器。目前各种类型的传感器已在研究领域和商业市场上得到广泛应用。特别是随着嵌入式技术的快速发展,传感器已经可以在数据采集的前端进行一定的数据处理和无线通信。

②采集层。一次数据采集为感知层智能采集设备的数据,而二次数据采集即为采集层对数据的处理、汇总。此层主要负责以下3项工作:第一,利用各传感器提供的通信协议,打包处理感知层采集的数据,并把处理后的信息通过网络层上传给管理层。第二,对感知层的传感器部分进行如休眠、关闭或打开等控制。第三,对感知层可能发生的错误进行实时监测及修正。采集层实现了感知层与管理层硬件的逻辑隔离,当监控平台中的传感器发生更改时,只需要更改采集层的传感器接口或对应软件即可,不需要对管理层及应用层做其他操作。

③网络层。这是海洋环境实时监测系统关键环节之一。海洋环境实时监测系统利用3G网络、GPRS网络及微波通信等方式,将采集层处理后的信息发送到远端接收路由上,再利用控制计算机通过各种通信接口(如RS485、RS232及USB等)将数据导入总控制台。它是上层应用管理系统和底层采集传感器之间的联系纽带,既要保证数据传输的精度,又要保证传输数据的实时性。

④管理层。管理层主要负责将网络层传输获得的实时监测数据解码、处理并存入相应的数据管理系统,同时为应用层提供一定的数据接口,以便应用层对实时监测数据的访问与请求。由于管理层为应用层提供各类接口,从而可在逻辑上将应用层与数据管理系统隔离。当数据管理系统架构发生变化时,只要不对应用层与管理层的接口进行修改,相应的应用层也无须做任何修改。另外,本层还可以通过数据管理系统的存储过程、触发器或视图等功能对网络层传送过来的数据进行取平均、取总和、插入修改等操作。相比于采集层的数据处理,在管理层可极大地简化系统开发,以及降低由于采集层频繁对数据管理系统的操作而导致的内存消耗。

⑤应用层。应用层通过固定的管理层数据接口,对不同的业务进行开发和研制以完成监测数据的分析和查询等。该层主要包括集成监控服务、参数配置服务及单机监控服务。单机监控服务主要负责与管理层的互联,并提供一定范围内监测对象的实时数据;参数配置服务主要将系统参数配置完成;集成监控服务主要提供监控目标在整体结构内的数据。

(2)海洋环境监测系统的主要问题

自从海洋监测被关注后,目前已经有航空遥感监测、巡航飞机监测、高频雷达监测、船基自动监测、海岸固定监测站等多种监测手段。其中,航空遥感监测通过在航空器上安装遥感装置,对监测海域进行实时、连续的观测,通过不同的遥感技术可以对监测海域的水生植物、可疑目标、海岸、溢油等状态进行监测。船基自动监测系统以移动船舶为监测平台,配备多种监测设备,实现对海流剖面、水文和水质参数、有害藻类、溢油等的监测;海岸固定监测站由近海平台、岸站、导航浮标、锚系浮标、灯塔等组成,通过安装多种测量装备,可以测量风速、潮汐、表层水温、溶解氧、营养盐等参数,结合历史数据和实测数据对监测海域的水质情况和污染治理给出指导意见。虽然,上述方法各有优势,但是它们均为非接触式测量,而且在使用中受到各种局限,如航空遥感监测容易受到天气的影响,而且在航空管制时不便进行监测;船基自动监测系统受到船舶活动范围的限制,监测范围相对较小,对事件报告的实时性差;海岸固定监测站监测范围有限。在这种背景下,采用高度智能化、自主性强、分布范围广、全天候的信息采集、传输、处理和融合的先进技术和手段对海洋环境进行监测、对溢油污染进行监测与预测、受灾地点进行定位、保护边界安全,以实现对海洋的全方位监测、使灾害影响降到最低的想法应运而生。

近年来,无线传感器网络由于具有体积小、成本低、自组织性强、可快速部署等特点,开始被用于环境监测,后来在军事应用、医疗服务、智能家居、公共安全、工业监控等很多领域也有广泛应用。海洋具有的环境多变、人类难以直接探测、无人值守区域较多等特殊性,使得无线传感器网络的特点在海洋监测中体现得更为明显。相比于前面所述的其他监测方法,无线传感器网络的主要优势为部署方式灵活,可以部署在无人值守等恶劣环境下,可以密集部署或稀疏部署,受地理位置限制小;节点之间可以协同工作,便于及时发现目标;成本相对较低。因此,开展面向海洋监测的无线传感器网络的研究在一定程度上是对现有监测手段的补充,意义重大。

目前海洋环境实时监测系统遇到的主要问题可分为大数据挖掘处理与物联网优化两方面,具体为以下 3 类。

①海洋监测系统的节点节能,拓扑结构节能,延长传感器节点寿命。由于海洋环境实时监测系统中的网络传感器节点供电和充电方式较为单一且很难进行人工操作,而海洋环境监测对目标海域进行广阔范围、大幅度地信息采集的实际需要导致其能量消耗非常快,因此,传感器节能是目前海洋监测面临的主要问题。传感器节点节能和网络拓扑结构节能是目前主流的降低能耗的途径。节点节能在于改进原有的协议算法,压缩发送数据码位,包括二叉树编码及 Growth 码等。网络拓扑结构节能是在保证网络覆盖面积及节点连通性的情况下,根据一定的原则传输网络中的数据和合适的节点处理,不时地对网络拓扑结构进行调整,达到延长网络寿命和提高网络能量效率的目的。它包括以 LEACH – C 为代表的集中式和以 LEACH 为代表的两种分布式算法。

②海洋监测系统多传感器信号融合、处理,发送问题。由于无线传感器技术的多元化、自动化发展越来越快,海洋环境实时监测也从单一传感器的数据采集发展到多传感器、综合海洋环境信息采集的阶段。这就需要在整个海洋环境实时监测系统的前端——无线传感器系统中,对各传感器实时获取的数据进行采样、打包、融合及发送等处理。然而因为传感器主要分为生物传感器、化学传感器及物理传感器,并且其生产厂商标准规格不一,所以如何将不同传感器获取的数字信号、模拟信号及生物信号等打包成统一规格并按同一频率发送,是目前海洋环境实时监测系统信号融合处理方面研究的热门问题。目前国外在此方面技术较为成熟的有德国的 MERMAID 系统,它可对包括化学、水文、生物、气象等近 30 个测量参数进行标准化、模块化的结构设计;挪威的 SEAWATCH 系统也可对大量传感器数据进行实时的产品分发、采集、分析、预报等处理。

③海洋监测系统大数据挖掘,如何使用户能从大量海洋数据中提取有效信息。海洋大

数据指的是海洋环境监测系统通过大量传感器周期性、不间断地采集的数据,庞大到无法通过目前主流的数据处理软件在有效的时间内为授权用户提供精确的数据处理服务。与传统的数据仓库相比,大数据挖掘具有查询处理复杂、信息量大、处理优化困难等特点。海洋大数据挖掘伴随着云时代到来也逐渐受到了涉海研究人员的重视。而在海洋环境实时监测领域,由于海洋环境复杂,传感器网络分布广,传感器种类繁多(如温度、盐度、深度、pH值、水速流向、叶绿素等),采集数据周期短,海洋传感器数据庞大且难以处理。如何将庞大、复杂的海洋数据提取、处理、展示给用户终端以做进一步的研究,是目前的研究热点之一。

此外,海洋监测系统的网络协议、网络安全、传感器节点定位等也是当前面临的主要问题。尤其是全方位、立体式采集数据的水下传感器节点的数据处理,更是成为新的研究重点。

(3)国内外研究现状

①海洋环境监测系统国内外研究现状

早在2个世纪以前,人们便开始通过远洋科学考察来获取海洋环境信息,但受当时科技条件的限制,此类观测持续时间短,难以观察到海洋变化。近年来,随着传感技术、网络科技、海洋遥感等技术的发展,国际环境监测技术向着高集成度、高时效、多平台、智能化和网络化的方向发展。例如,美国 HABSOS 系统是一个由卫星、海岸自动观测站、浮标等现场监测系统组成的立体监测网络,为预测、预报服务提供支持;欧洲的 ROSES 是一个综合的海洋环境资源信息平台,通过现场监测系统获取实时的海洋监测数据;美法联合研制的 ARGOS 系统能够准确传输、接收、处理资料稀少的远海信息,形成了卫星遥感、海洋浮标相结合的一个现代化立体海洋监测系统,并在 TOGA 计划等大型国际海洋调查合作项目中得到广泛应用。全球海洋观测系统 GOOS 是联合国教科文组织政府间海洋学委员会迄今发起的全球性最大、综合性最强的海洋观测系统。我国的海洋监测技术水平落后于海洋监测技术先进的国家10~15年。近年来,国家依托"863"计划、"908"海洋类科技攻关项目的带动,我国海洋监测技术的研究与应用已取得了巨大的进步,涌现大批的成果与海洋科技产品。在此基础上,我国逐步建立起海洋监测台站、浮标、调查船、卫星遥感及航空遥感等组成的海洋环境立体监测网络。我国于2001年加入了全球海洋观测网(ARGO)计划,正式成为国际ARGO 计划的成员国,然而,由于受到浮标造价高、投放困难等条件的限制,监测进展缓慢,目前研究难以满足海洋科研的数量要求,目前中国近海仅投放了46个,正常运行个数仅10余个,对于需要密集部署的近海海洋环境监测而言,此系统显然难以满足应用需求。

随着传感器技术、嵌入式技术及信息处理技术的高速发展,国外海洋环境实时监测体系发展迅速,许多国家已经实现监测平台的业务化、产业化运行。20世纪90年代中期,德国联邦海事和水文局就与德国造船及核能研究中心进行合作,将 MARUM 海洋监控系统与欧洲的海洋环境遥控观测和综合监控系统的研究成果集成。集成后系统可以测量气象、地质及水文等项目的27个参数,另外还可对溶解氧、水质 pH、重金属、叶绿素 a 等化学、生物参数进行测量,数据传输方式主要采用蜂窝信号和卫星通信。它包含了信息处理、无线通信、传感器等多项高新技术。

美国在20世纪80年代初也发展了岸用海洋自动观测网(C - MAN)。该海洋观测网包含大量的灯塔、锚系浮标、大型导航浮标、岸站及近海平台等监测站点。它可测量风向、风速、环境温度、波浪潮汐、降雨量及表层温度等参数。C-GOOS系统是另外一个高集成度、近岸应用的海洋环境监测系统,可定期描述全球海洋状况,并对所有国家和地区的研究机构开放。该系统包括多源数据与信息的集成管理、目标与信息产品的确定、预测预警模型的选择、模型的输入和输出及费用效益分析等。由美国多个海洋研究机构合作研发的实时环境信息网络与分析平台(REINAS),可通过无线网络通信、多传感器数据集成、多媒体展示等技术,将低空数据、水面和水下实时监测数据及卫星数据进行集成分析,提供分布可视化产品。

当前,国内自主研制开发的传感器设备尚无法达到标准化、业务化、产业化要求。大多数精密仪器如温盐深仪、水流水速传感器、风速风向仪等多依赖于国外发达国家生产厂商。但随着海洋资源开发的持续升温,海洋环境监测也得到了高度的重视。经过多年的发展与进步,我国现已初步建立了一个由海洋物联网与大数据处理分析系统组成的立体海洋环境实时监测网的雏形。尤其是在"863"计划等国家重点科研项目的帮助下,我国的海洋环境实时监测技术已进入一个蓬勃发展的阶段,大量研究成果不断涌现。

②海洋监测无线传感器网络研究现状

早期将传感器网络应用于海洋监测的主要是美国军方的项目,美国海军早在20世纪50年代就开始耗费巨资进行水声监视系统SOSUS(sound surveillance system)的研究。该系统主要用于探测俄罗斯潜艇;20世纪80年代初,美国国防部开始了DSN(distributed sensor networks)计划;1998年美国海军开始"海网"研究项目,考虑在海上作战时通过人工或自动部署的方式在深度为几十米到几百米的海域中部署20个网络节点,节点间采用水声通信的方式,通信范围比较大,可达到几千米,这些节点以自组织的方式形成网络,为部署在海面的舰船、浮标等设备提供水下的实时信息,并能够监测水下可疑目标。近年来,美国海军开发了以巡航导弹核潜艇为母船的PLUSNET项目,主要考虑水下传感器节点之间的组网,这些传感器节点包括固定在海床上的固定节点、漂浮在海中的移动节点、自主航行器及水下滑翔机,节点之间地位平等且可独立执行任务。为了便于节点间的通信,移动节点装有水声调制解调器,采用水声通信。移动节点通过漂浮在海面的太阳能电池供电,PLUSNET更加侧重于对移动节点的研究,进行了大规模联网实验,力图减少人力投入并保证对水下目标的有效定位、预测、跟踪及分类,由于移动节点的加入,其监测范围与Seaweb相比大大提高,达到数万米。面向海洋监测的无线传感器网络在民用方面也有许多应用,如ARGOS,由多种自持式剖面循环探测浮标组成,能够准确传输、接收远海的信息,形成集卫星遥感、海洋浮标相结合的立体海洋监测系统,目前有几十个国家加入该系统,在全球范围内部署了上千个卫星可跟踪浮标;美国建立的海岸海洋自动观测网,包括13个岸站、9个近海平台站、17个灯塔站,可实现自动观测风速、风向、气温、波浪等环境要素;加拿大建立的VENUS系统和美国建立的MARS系统通过提供实时的观测数据,用来对海底地震、生物等方面进行研究,其中加拿大的VENUS系统观测站由多种传感器节点、数码相机、水听器阵列构成,节点负责海底前端仪器与观测站之间信息的双向通信;日本的ARENA、欧洲的ESONET计划,通过监视海洋的传感器网络收集数据,用来实现海洋多学科、多要素的综合分析和研究;针对美国、加拿大、墨西哥西海岸的LOOKIG项目,通过无线通信和光通信实现节点间信息交换,并实现海底传感器网络与地面观测网络的连接;美国国家海洋与大气局将无线传感器网络用于鱼类实时监测的研究;FRONT网通过在海底安装一系列传感器节点,实现对海洋物理和生物特性的数据采集和观测,网络间通过水声通信,实现对沿海大陆架的监测。我国面向海洋监测的无线传感器网络研究与发达国家相比起步较晚,近年来,在哈尔滨工程大学、清华大学、中国海洋大学、中国科学院沈阳自动化研究所、华中科技大学、国防科技大学等一些科研机构和高等学校的带动下,取得了一些研究成果,尤其是中国海洋大学将无线传感器网络应用于海洋环境实时监测,并进行了大量的实验。该网络系统包括18个海面浮漂节点、2个岸边中继节点、陆地基站节点和陆地网关,完成近海的温度、光照强度、节点间信号强度等信号的采集,目前,这种将无线传感器网络长期部署在近海海岸用于实时监测的实验场尚属少见。综上所述,现代的海洋监测实现了天基、空基、岸基、海基的海洋监测平台,由于无线传感器网络的引入,通过多种传感器节点、多种观测仪器进行监测,海洋监测进入了空间、海面、水下的立体观测时代。

(4)无线传感器网络简介

在海面无线传感器网络实时监测系统的设计实现过程中,应用到的新技术主要集中于数据采集子系统,即无线传感器网络的相关技术,包括无线传感器网络、TelosB节点、TinyOS操作系统与nesC语言。

①无线传感器网络概述

无线传感器网络(wireless sensor network,WSN)是集成了微机电系统、计算机、通信、自动控制等多学科的综合性技术。它由随机分布的集成有传感器、数据处理单元和通信模块的微小节点自组织构成网络,借助于节点中的多种内置传感器,协作地实时感知和采集周边环境中的多种信号,从而探测包括温度、湿度、噪声、光强度、节点的速度和方向、压力等众多人们感兴趣的物理信息,并能通过无线网络传输。它无须固定网络支持,展开快速,抗毁性强,可应用于军事、工业、交通、环保等领域,具有广泛的应用前景。

目前,国内外的科研院所均开展了对无线传感器网络理论和应用的研究。美国军方开展了C4KISR计划、Smart Sensor Web、灵巧传感器网络通信、无人值守地面传感器群、传感器组网系统、网状传感器系统等研究。Intel公司在2002年进行了基于微型传感器网络的新型计算发展规划。美国国家科学基金会(National Science Foundation,NSF)于2003年制订了传感器网络研究计划。美国Dust Networks和Crossbow Technologies等公司研究的"智能尘埃Mote"已进入应用。国内一些科研院所和高校也开展了无线传感器网络理论和应用的研究,具体内容包括无线传感器结点的硬件设计、操作系统、网络路由技术、节能技术、覆盖控制技术等。从可以获得的文献资料来看,研究热点主要集中在以下几个方面:应用支撑服务、能量管理、安全管理、数据查询管理、研究时间同步、传感器网络中的通信协议和应用、节点定位等。不同于常见的移动通信网、无线局域网络与蓝牙,无线传感器网络具有其自身特点,如硬件资源有限、电源容量有限、自组织、动态拓扑、节点数量众多、分布密集、采用多跳路由等。无线传感器网络体系结构如图6.11所示,包括传感器节点(sensor node)、汇聚节点(sink node,也称为网关)和管理节点(监控中心)。大量传感器节点随机部署在监测区域内部或附近,能够通过自组织的方式构成网络。传感器节点监测的数据沿着其他节点逐步传输,经过多跳后路由到汇聚节点,最后通过互联网或卫星到达监控中心。用户可以通过管理节点对传感器网络进行配置和管理,发布监测任务以及收集监测数据。

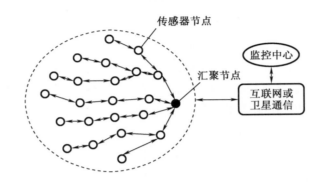

图 6.11　无线传感器网络体系结构

②传感器节点

传感器节点是无线传感器网络中部署到研究区域中用于收集和转发信息、协作完成指定任务的对象。传感器网络是在特定应用背景下以一定的网络模型规划的一组传感器节点的集合,而传感器节点则是特别为传感器网络设计的微型计算机系统。

目前,使用得最广泛的传感器节点是智能灰尘 smart dust 和 Mote。智能灰尘(smart dust)是美国国防部高级研究计划局(DARPA)资助的传感器项目,Mote 系列节点是由美国军方出资、由加州大学伯克利分校主持开发的低功耗的、自组织的、可重构的无线传感器节点系列。清华大学、中国科学院沈阳自动化研究所、中国科学院合肥智能机械研究所等国内科研机构也已开始节点的研制。生产节点的两个大公司为美国的 Crossbow 公司与 Mote iv 公司,产品包括 Mica、Mica2、Mica2dot、TelosB、Iris 等多个种类。本章中用的是 Mote iv 公司生产的 TelosB 系列产品。

传感器节点通常是一个微型的嵌入式系统,它的处理能力、存储能力和通信能力相对较弱,通过携带能量有限的电池供电。如图 6.12 所示,无线传感器节点的体系结构由传感器单元、处理器单元、无线通信单元和能量供应模块 4 部分组成。其中,传感器单元负责监测区域内信息的采集;处理器模块负责控制整个传感器节点的操作,是传感器节点的计算核心;无线通信模块负责与周围的其他传感器节点进行无线通信,包括控制信息的交换与数据信息的传输等;能量供应模块为传感器节点运行供能,通常采用普通双 A 电池。

TelosB 系列节点研究是美国国防部 DARPA 支持的 NEST 项目的一部分,在设计结构上有以下特点:

a. 250 kbit/s 的数据收发速率可以使节点更快地完成通信事件的处理,快速休眠,节省系统能量。

b. 采用标准化的通信协议 IEEE 802.15.4,能够实现与符合该标准的其他设备用户进行通信。

c. 采用超低功耗微处理器芯片 MSP430,包括 10 KB 的随机存储器与 48 KB 的闪存。

d. 集成模数/数模转换器、电源电压监和直接存储器访问（direct memory access，DMA）控制器。

e. 自带的集成天线能够提供室内 50 m、室外 125 m 的通信范围。

f. 集成了能够独立作为传感器节点使用而无须外接传感器板的 SHT11 温湿度传感器与 S1087 光传感器。

g. 低功耗运行，仅有极低的电流消耗，能够快速从睡眠中恢复。

h. 使用硬件链路层加密和认证，并通过标准 USB 接口编程与数据采集。

i. 具有 16 引脚扩展支持，并可添加 SMA 天线连接器连接外部天线。

j. 支持 TinyOS 操作系统，并且符合 FCC15 和加拿大工业部规章。

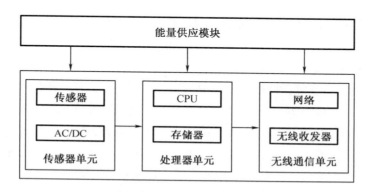

图 6.12　无线传感器节点体系结构图

③TinyOS 操作系统

由于传感器网络的独特特点，需要与之匹配的操作系统能够高效地利用传感器节点有限的内存、低速低功耗的处理器、低速通信设备、有线电源，并且能够对所针对的各种应用提供最大限度的支持。传感器节点采用电池供电，能量有限，而且其 RAM 空间一般小于 10 KB，这就要求操作系统不仅要占用内存小、能运行在有效的资源下，还要求操作系统可在节能的前提下对数据进行处理。无线传感器网络节点数目众多，不可避免地常有新节点加入或有节点死亡，因此要求操作系统在网络拓扑发生变化时必须能做出反应，自主更新。不同的无线传感器网络对系统的要求也不尽相同，这就要求操作系统具有良好的可移植性，能满足各种各样的硬件平台。传感器节点并发性操作密集，即可能存在多个需要同时执行的逻辑控制，这就需要操作系统能够有效调度，解决冲突。节点的高度模块化则要求操作系统能够让应用程序方便地对硬件进行控制，易于各个模块的重组。

上述特点对面向传感器网络的操作系统的设计提出了挑战，加州大学伯克利分校针对以上特点成功开发了基于 Linux 的 TinyOS 操作系统，目前 TinyOS 已经可以运行在很多硬件平台上，在 TinyOS 网站上公开原理图的硬件平台有 Telos（Rev A）、Telos（Rev B）、Mica2Dot、Mica2、Mica。此外，还有一些商业和非商业组织也有一些硬件平台可运行 TinyOS，主要有欧洲的 Eyes，Moteiv 提供的 Tmote Sky，Crossbow 公司的 MicaZ 及 Intel 公司的 iMote。TinyOS 中引入了轻线程、主动消息、事件驱动和组件化编程技术。轻线程主要是针对节点并发操作比较频繁且线程比较短,传统的进程/线程调度无法满足的问题提出的。主动消息是并行计算机中的概念,在发送消息的同时传送处理这个消息的相应处理函数 ID 和处理数据,接收方得到消息后可立即进行处理,从而减少通信量。整个系统的运行是因为事件驱动而运行的,没有事件发生时,微处理器进入睡眠状态,从而可以达到节能的目的。组件就是对软、硬件进行功能抽象,整个系统是由组件构成的,通过组件提高软件重用度和兼容性,程序员只关心组件的功能和自己的业务逻辑,而不必关心组件的具体实现,从而提高了编程效率。TinyOS 的程序采用的是模块化设计,所以程序核心往往都很小,能够突破传感器存储资源少的限制,让 TinyOS 有效地运行在无线传感器网络上并去执行相应的管理工作等。

6.3.2 无线传感器网络节能技术

1. 无线传感器网络的节能策略

相比于传统的无线网络,无线传感器网络的特点主要在于大部分节点置于恶劣环境中工作,供电体系在一般情况下很难替代,并且无线传感器节点的能量有限,网络的运行时间较短,对采集数据的连续性与实时性会造成严重影响。而在海洋监测系统中,由于监测范围广,节点电池的更换或充电成本较高且更加难以实现。因此在保证数据信息真实性、可靠性的前提下,整个网络应设计具有良好地降低无线传感器网络的功耗、节约能源的能力。

数据采集、信号通信及数据处理是无线传感器网络的 3 个主要的能量消耗环节。其中信号通信和数据处理所占比重较大。

(1)数据采集。数据采集是传感器节点周期性采集实时数据的过程。它对能量的损耗实则不大。但在海洋监测领域,由于环境恶劣,为了保持数据的可靠性和连续性,数据采集的能量损耗也占有一定比例。

(2)信号通信。信号通信是传感器节点间信号的发送和接收过程。它对能量的损耗所占比例最大,是拓扑结构控制能量研究的重要环节,也是目前降低能耗研究的重点。传感器通信能耗模型如图 6.13 所示。

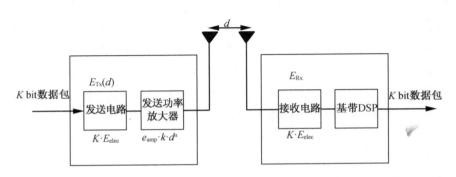

d—发送/接收距离;E_{Tx}—发射器消耗能量;E_{Rx}—接收器消耗能量;e_{amp}—放大过程的能耗;

E_{elec}—传输消耗;α—传输损耗系数;DSP—数字信号处理器。

图 6.13　传感器通信能耗模型

（3）数据处理。数据处理是传感器节点对采集所得数据的编码/解码、发送/接收过程。相比于信号通信，此过程能量损耗较低。运行300万条编码命令所消耗的能量仅仅相当于把1 KB的信息发送100 m的距离。而本章对于降低能耗的研究正在于数据处理过程的编码/解码环节。总之，目前无线传感器网络节能策略的主要研究在于信号通信阶段的拓扑结构能量控制。但考虑到海洋监测系统相比于其他无线传感器网络所具有的复杂性，数据处理的编码/解码环节也不容忽视。

2. 无线传感器网络的能量控制技术

（1）拓扑控制技术

无线传感器网络拓扑控制是在保证网络的连通性、拓扑面积等条件下，根据一定的拓扑协议选择有效的传感器节点传输、处理前端的数据，不时地调整网络拓扑结构，达到提高网络能量效率和延长网络寿命的目的。拓扑控制技术对无线传感器网络提高网络能量效率、提高网络通信效率、提高路由协议效率及提高网络的扩展性和可靠性等方面都具有极大的意义，实用高效的拓扑控制技术不仅能极大地节省无线传感器网络在信息通信上损耗的能量，而且还能对网络的加密、数据融合及节点定位起到良好的支撑作用。它的典型算法包括低能耗自组织集簇分层型算法、粒子群算法及逆向云算法等。

（2）节点能量控制技术

无线传感器网络节点能量控制技术，即是在保证数据真实性、可靠性、连续性的情况下，在数据处理过程的编码/解码环节，改进原有数据编码协议，减少传输数据码位，从而达到降低能耗、节省电量的目的。相比于拓扑控制技术，传感器网络低能耗技术在此环节的研究较少，也没有统一的标准。所以，在节点能量控制方面，还有更广阔的研究空间。

（3）无线传感器网络节点编码算法

无线传感器节点将采集模拟变化量，通过一定的模数变换，生成原始数据序列。每一个数据序列都包含头节点、尾节点、数据信息序列等，而无线传感器网络节点传输数据的耗能正在于这些数据序列中的高电平，即"1"位的个数。因此，传感器节点编码算法的关键在于降低发送数据"1"的位数。

在无线传感器网络节点编码的研究领域中百家争鸣，各种协议算法层出不穷，标准不一。但大多数都还处于理论分析阶段，缺少实验仿真和实际应用。其中就包括通过异或一些数据符号，随时间变化的Growth码；用于纠删恢复传送数据，但成本相对过高的LDPC码、Tornado码、LT码；随机产生码字线性组合的随机线性码及本书所研究的利用数据在时间和空间上的相关性，压缩发送数据，从而达到降低传感器节点能耗的二叉树编码。其中典型算法包括以下几种：

①无编码发送。传感器节点将采集到的实时数据直接进行发送处理。这种方式虽然简单、直接，但在接收端可能会接收到重复的码字，冗余度高，故而传感器节点耗能也随之提高。

②LDPC码。它的编码/解码运算复杂度相对较低，算法结构灵活，是近年来信号编码的研究热点，目前已广泛应用于海洋通信、光纤通信、数字卫星信号通信等领域。

③Growth码。它是一种新型的、完全分布式处理的线性编码方式，可以在发送设备出

现信号重复或缺失的前提下,确保接收设备能还原所有的数据。Growth 码通过异或一些数据符号形成码字。采用该编码方式,能在网络被破坏或接收设备无法收到数据的情况下,及时通过已收到的码字还原一定的原始信息。

④随机线性码。它将原始信号化为不同符号,每个码字是这些符号的线性组合。然而这类码在编码/解码上的运算复杂度较高,因此,它在无线传感器网络中并没有被广泛应用。

⑤二叉树编码。对目标原码进行左右分割,将连续一致码位进行压缩处理,并将最后分割码位和压缩类型码位分别调制发送,从而在一定程度上降低目标原码码位。虽然它具有良好的节能性和高效性,但若在数据处理中出现误码,则会对数据的精度产生极大影响。而本书所研究的二叉树差分压缩编码在保证了数据精度的同时,又极大地降低了无线传感器节点的能耗。

6.3.3 无线传感器网络差分压缩编码算法

1. 差分压缩编码算法概述

海洋环境监测系统的目标是通过无线传感器网络将海洋环境数据不间断、周期性地采集、存储到数据管理中心,并为授权用户提供实时的信息服务。由于海洋环境较为恶劣,通常只有通过高频、高分辨率地采样才能获取一些相对精确的信息,但这样也在一定程度上导致产生了大量冗余数据,浪费了存储资源,也给数据的传输带来不便。并且在搭建的前端传感器节点网络中,需要对每一个硬件节点、软件算法、整体结构进行节能优化处理来应对由海洋传感器节点无人值守、非固定、节点能量有限且不可重新充电等缺点带来的问题。

本部分将对软件算法环节的数据编码的方向进行研究,在不降低分辨率及采样率的情况下,对海洋无线传感器的发送数据进行编码、无线传输和存储。因此,在几个典型有效的传感器节点编码算法中,如无编码直接发送、LDPC 码、Growth 码、随机线性码、二叉树码等,选择了一种改进的二叉树差分分割编码算法在二维方向上对数据进行相关操作,并对分割后的数据进行差分编码传输,从而达到提高数据传输效率、提高数据传输过程中的抗噪性、节省存储空间的目的。

2. 差分压缩编码算法原理

对于多传感器、多节点的海洋实时监测系统,为了提高监控效率,降低传输耗能,对目标原序列进行左右分割,将连续一致码位进行压缩处理操作。首先假设海洋环境实时监测系统的传感器信号有 32 个采样点,集成编码传输,可得到采样信号为

$$X_n = \begin{Bmatrix} 00001111100000000000111111111000 \\ 00011101000000000000011100111100 \end{Bmatrix}$$

由 X_n 采样序列可知,采集得到数据中,连续的"0"位、"1"位出现的概率非常高,由于不同海洋无线传感器及采样点之间存在一定的相关性,故选择了一种改进的二叉树差分分割编码算法。它的基本思想是根据传感器信号之间相关性,将连续"0"位、"1"位序列用一个字节数据表示,减小数据信息冗余度,从而达到节省耗能的目的。其编码流程如下:

（1）在第 i 次分割后,判断分割后的序列是否出现全为"0"或全为"1"的连续数据串,如果有则转向(2),否则转向(3)。

（2）生成一个叶节点,向压缩结果序列 R 中写入一个"0"位字符,并将序列数据的类型码进行差分编码,并存入数据串类型序列 T 中。

（3）向压缩结果序列 R 中写入一位数据"1",并继续对信号序列向下左右分割,生成两个序列,然后转向(4)。

（4）判断当分割后的数据长度仅为 2 时,停止对数据进行分割,并直接将数据原码写入 R 中表示,否则转向(1)。

假设海洋监测系统传感器采集得到数据为"000011110000000000000011111111000",对其进行扫描可知,信号序列并未出现全"1"或全"0"数据串,则对 R 序列写入数据位"1",然后第一次左右分割数据串,并对分割后得到的两个序列继续进行扫描,结果依然未出现全"1"或全"0"序列,则对 R 序列写入数据位"11"。再对分割序列进行第二次分割,并对结果进行扫描,出现一个数据位"00000000"全为"0"的序列,于是向 R 序列写入数据位"1011",并向 T 序列中写入数据位"0"。然后继续进行左右分割,直到信号序列长度为 2 时停止分割,并将分割序列写入 R 序列中,最后可以得到数据串码类型序列 $T = \{0010110\}$,压缩结果序列 $R = \{1111011000010110100110\}$。数据串码类型序列中的每一个值依次对应压缩结果序列中每个编码为"0"的序列类型,直接编码的信号序列除外。数据分割压缩编码流程图如图 6.14 所示。

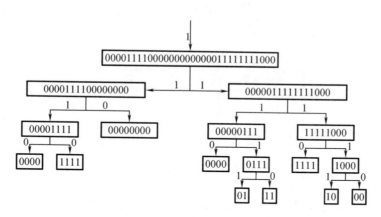

图6.14 数据分割压缩编码流程图

对各传感器采集得到的数据均进行分割操作,将编码结果存入压缩结果序列中,将数据串类型存入数据串码类型序列中,从而达到减小传感器发送数据位数、降低传感器能耗的目的。尤其是在"1"和"0"连续位很长的信号序列中,降低能耗的效果较为明显。信息解调的流程则刚好和调制相反,接收端获取是 2 个信息序列:压缩结果码位 R 及数据串码类型码位 T。对 R 码位中的数值逐个进行比较分析,按照其所表示的数据串类型码位解调为原始发送信息,解码流程图如图 6.15 所示。

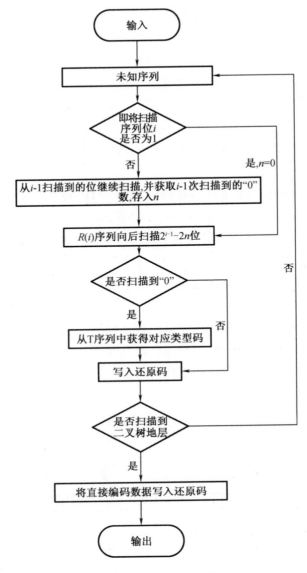

图 6.15　解码流程图

若数据串码类型序列中出现误码,则在解码过程会出现极大的信号失真。如数据串码类型序列中某一数据位"1",在信号传输或接收阶段中变为"0",则会导致解码数据连续的"1"全部变为"0",那么将对海洋监测系统实时传输的数据的精度和效率造成很大影响。因此,对数据串类型序列 T,采用一种差分编码的算法来提高数据的抗噪性是非常有必要的。

差分编码是指将信号数据流中除第一位数据以外的数据,以该数据与前一数据差运算的结果表示。如差分编码输入数据流为 $\{A_n\}$,输出数据流为 $\{B_n\}$,它们均为仅包含 0,1 位数字序列,则变法最后输出为 $B_n = A_n \oplus B_{n-1}$。因此,对数据串码类型序列 $\{0010110\}$ 进行差分编码之后,可以得到差分类型码序列 $T' = \{0011101\}$。

3. 差分压缩编码能耗分析

发送一条 n 位的信号序列,距离为 d m,发射器消耗的能量的计算公式如下:

$$E_{\text{Tx}}(n,d) = n \cdot (E_{\text{elec}} + e_{\text{amp}} \cdot d^{\alpha}) \tag{6.1}$$

式中,E_{elec} 表示传输能耗;e_{amp} 是放大过程的能耗;n 为信息长度;d 为发送/接收距离;α 为传输损耗系数。

由式(6.1)可知,在发送距离 d 确定的前提下,若要降低发射器的能耗,则只能减少传感器发送数据码位。二叉树纵向分割差分编码发送码位由两部分构成,即类型码序列 T 和压缩序列 R。因此,可以求得

$$B = \sum_{i=1}^{\log_2 n} m + n - \sum_{\log_2 n}^{1} m * 2^i + \sum_{i=1}^{\log_2 n} \left(2^{i-1} - m \cdot \sum_{k=1}^{\log_2 n - i} 2^k\right) \tag{6.2}$$

式中,类型码序列 T 字节数为 $\sum_{i=1}^{\log_2 n} m$,而压缩序列 R 的字节数为"1"和"0"连续判断序列 $\sum_{i=1}^{\log_2 n} \left(2^{i-1} - m \cdot \sum_{k=1}^{\log_2 n - i} 2^k\right)$ 和最后直接编码序列 $n - \sum_{\log_2 n}^{1} m \cdot 2^i$ 之和。

为了达到降低能耗的目的,需要尽量减少传感器发送数据码位,而能否减少发送数据的码位,关键就在于压缩序列 R 中"0"的数 m。

差分方程是微分方程的离散化,由于发送码公式为离散方程,不能直接运用微分方程,因此,对其进行差分运算。得到

$$\Delta B = \frac{\log_2 b (1 + \log_2 b)}{2} - (2^{\log_2 b + 1} - 2) - \sum_{i=1}^{\log_2 b} (2^{\log_2 b - i} - 2) \tag{6.3}$$

式中,$b \in \left(\lim_{\Delta \to 0} n - \Delta, \lim_{\Delta \to 0} n + \Delta\right)$,而 ΔB_{mi} 在此区间内为连续递减函数,然后可以将 n 的最小值 2,求出。综上所述,在 m 不为 0,即传感器采集原码中只要出现连续的"1"和"0"数据串的前提下,该二叉树纵向分割差分编码可以很好地达到降低能耗的目的,当然 m 越大,效果越明显。

使用二叉树纵向分割差分编码方式可以明显地降低传感器发送数据能耗,并且随着传感器采集原码码位的增加,效果更加明显。当数据传输距离为 50 m 时,节省耗能可以达到 14% ~ 18%。随着发送距离的增加,降低耗能也会更多。二叉树纵向分割编码是基于海洋环境传感器监测系统的特点及其传感器采集数据间相关性而提出的,而考虑到误码对数据解码的影响极大,进一步加入差分编码算法来提高传输数据抗噪性。仿真结果表明,该编码方式对传感器采集数据进行实时压缩编码传输,可以明显地降低发送能耗,幅度在 14% ~ 18%。随着传输距离及发送码位的增加,效果更加明显。但在实际实时监测系统中,传输数据发生误码不可避免,虽然采用了差分编码来提高数据的抗噪性,但类型码序列 T 一旦出现误码,对数据精度及最后的解码还是会造成极大的影响。不过总体来说,该算法通过差分编码传输,具有良好的降低能耗和压缩效率的性能,实时性高,并且可提高数据的抗噪性。

6.3.4 基于树莓派的海洋环境监测平台搭建

1. 系统概述

基于无线传感器网络的海洋环境监控系统是依据物联网架构的,采用面向对象的分析和设计方法,通过各传感器对海洋环境温湿度、水速、水深、周围环境图像等数据进行实时监控、处理,并最终发送到互联网上,将实时数据制作成可视化曲线以供用户查看,从而构成一套由传感器网与互联网结合运作的海洋环境监测平台。该系统采用宽带微型 ADCP 多普勒仪、温度传感器、USB 摄像头等传感器,对海洋环境数据进行实时采集,以树莓派为传感器节点接收各传感器数据、处理,最后通过 Wi-Fi 将测得的实时数据传入远端控制中心的电脑存储并进行 Web 显示。而在数据采集、传输过程中,由于受尺寸误差和传感器灵敏度分散性等因素的影响会产生一定的误差,因此需要采用一种合适的方法对数据误差进行补偿。目前误差补偿主要采用多项式模型、神经网络模型、小波方差模型、模糊模型、受控马氏链模型等。进一步研究发现,由于各传感器采集的数据存在缓慢变化且为非线性的特征。因此本书采用非参数辨识更为良好的 RBF 神经网络逼近算法对数据进行处理,减小误差,并将数据存入数据库。

2. 基于树莓派的传感器节点设计

系统前端的传感器节点由树莓派、电源模块、宽带微型 ADCP 多普勒仪、温度传感器、视频摄像头、辨向电路及计数器、外围设备及计算机组成。系统整体设计如图 6.16 所示。

树莓派由英国的 Raspberry Pi 基金会研制开发,于 2012 年 3 月发售。它以仅有信用卡大小的尺寸却具备普通电脑所有基础性能的特点,被业界一致称为卡片式电脑。它的操作系统为 Linux,硬盘内存为 SD 卡。它还拥有多个 USB 接口、网口、高清视频输出接口及可输出视频模拟信号的电视输出接口。

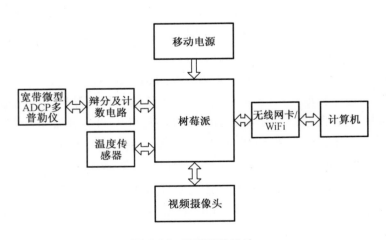

图 6.16 系统整体设计

由于树莓派具有体积小、处理速度快、易于开发等特点,本书传感器节点采用树莓派作为整个传感器节点的前端控制中心,完成对传感器采集数据的集成、融合、打包及发送。它将宽带微型 ADCP 多普勒仪、温度传感器及视频摄像头采集得到的实时数据,通过 Wi-Fi 将数据发送到远端计算机存储并显示。其中宽带微型 ADCP 多普勒仪传感器端拥有 20~30 个深度单元,可全方位、立体监测水速和水深数据,其单元尺寸为 1~30 cm,剖面范围可达 7 m,流速范围达到 5 m/s。选择性价比相对较高的 DS18B20 数字温度传感器来采集水域周围环境温度数据。另采用电流小、带麦克风、外形小巧、易于固定且在 Linux 系统下免驱动的罗技 C110 USB 摄像头和体积小巧、在 Linux 系统下免驱动的 EDUP USB 无线网卡。采用移动电源为其供电,使整个前端传感器节点实现完全独立,可随时移动地进行数据采集、发送。宽带微型 ADCP 多普勒仪完成对水速、水深数据的采集;辨分及计数电路完成位移的方向辨识和可逆计数;温度传感器完成对周围温度数据的采集;摄像头完成对传感器节点周围实时画面的采集;无线网卡完成树莓派和计算机之间的数据传输;移动电源用于前端供电;计算机用于数据处理、显示及指令的下达。

(1)节点传感器设计

①宽带微型 ADCP 多普勒仪

宽带微型 ADCP 多普勒仪以固定周期向探测水域发射短脉冲声波,这些声波遇到水域中的浮游生物或泥沙等物质时会发生背散射,多普勒仪通过对返回信号的处理计算,从而测得流速、流向数据。其精度剖面范围可达 7 m,流速范围达到 5 m/s,因此适用于近海高精度采集任务。宽带微型 ADCP 多普勒仪的工作原理具体如图 6.17 所示。

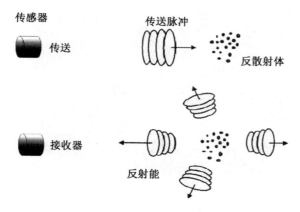

图 6.17 宽带微型 ADCP 多普勒仪的工作原理

②温度传感器

系统采用了硬件要求不高、抗干扰能力较强、价格相对便宜、采集数据精度较高的 DS18B20 数字量温度传感器。此温度传感器的数据传输方式采用了单总线专用技术,能在一条通信线路上实现与中央处理器的双工通信,直接将获取的温度数据传递输出。树莓派可以在一条总线上挂载多个该温度传感器而不会出现数据错误。这是由于 DS18B20 的只读存储器及暂存存储器已被 64 位的激光修正,可存储 64 位传感器序列码、检测参数及实时温度数据。将 S3C2440 的 GPE0 口作为单总线口,挂载一个 DSl8B20 实现温度采集。温度监测开始时,树莓派先向 DSl8820 复位脉冲,使 DSl8820 温度传感器的各参数复位,然后发送操作命令,启动温度传感器,对环境温度数据进行采集和处理。

③视频摄像头

系统采用的是在 Linux 系统下免驱动的罗技 C110 USB 摄像头,其具有 130 万像素,为卡尔蔡司镜头,最大帧频可达 30 FPS,支持 USB 2.0 接口,可以很好地兼容于树莓派,为用户提供实时视频信息。

④无线网卡

系统采用无线传输速率可达 150 Mbit/s 的 EDUP USB 无线网卡,由于树莓派的普及度并不高,目前大部分无线网卡都难以兼容树莓派,而 EDUP 无线网卡可以理想地实现树莓派系统免驱动,并可提供较高的数据传输速率。

(2)树莓派节点架构

树莓派实质上就是一款个人电脑,操作系统为 Linux,内存为 512 MB,是 ARM11 系列 700 MHz 的处理器,配有 2 个 USB 接口,有以太网接口、RCA（Radio Corporation of American）、HDMI（high definition multimedia interface）、3.5 mm 音频的输出插孔,支持 SD 卡。它通过 SD 卡写入系统程序,并由输出为 5V/1A 的电源进行供电。树莓派的 GPIO（general purpose input output）只要在读写"/sys"文件系统的情况下就可以进行交互控制。目前市场上的树莓派共有 2 种模型,即 A 型、B 型。相比于 A 型,B 型价格稍高,但拥有太网接口及 USB 接口,因此本书选用 B 型树莓派。树莓派整体结构如图 6.18 所示。

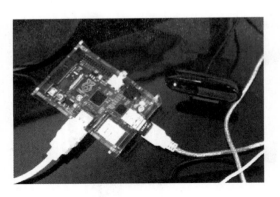

图 6.18　树莓派整体结构

前端传感器采集获得的实时水速、水深、温度、视频数据,通过 GPIO 口、USB 接口等传入树莓派;树莓派将数据整合、处理后再通过 USB 无线网卡发送给远端路由器;路由器再通过端口转串口软件,将传输过来的数据转换成虚拟串口方式,发送给计算机控制中心的实时监测系统的数据接收软件;软件由串口获得数据存储并显示。另外,远端计算机也可以通过 putty 软件,以安全协议（SSH）的方式对树莓派进行控制,以便其更好地服务于海洋监测。如图 6.19 所示,在"Host Name（or IP address）"中输入树莓派的 IP 地址,端口号采用"22","Connection type"选择 SSH 方式。

图6.19 putty 软件 SSH 连接树莓派界面

设置好后,进入树莓派远程控制命令行界面,如图6.20所示,输入树莓派登录用户名和密码就能实现远端计算机对树莓派的控制。

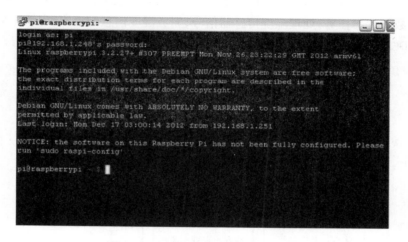

图6.20 树莓派远程控制命令行界面

3.系统软件设计

(1)视频采集程序设计

由于视频信号和其他传感器节点采用不同的端口进行数据传输,因此对于视频信号采用 mjpg-streamer 进行获取、处理、显示。光栅传感器、温度传感器的数据由系统的数据接收软件进行处理。其中,mjpg-streamer 程序是将 USB 摄像头采集的图像信息以数据流的形式通过如 Firehox、IE、Chrome 等浏览器或其他能基于 TCP/IP 网络协议传输的移动设备展示给用户。由于该程序采用图像的分辨率较低,因此可以通过树莓派在消耗较少 CPU 的情况下为用户提供流畅的图像信息。其设置启动流程具体如下:

①远端计算机通过 SSH 连接方式,远程登录树莓派命令行界面。

②在命令行输入"root@ raspberrypi:/#lsusb",查看是否连接到 USB 摄像头。

③在命令行输入"root@ raspberrypi:/#ls/dev/vid＊",查看 USB 摄像头驱动是否安装成

功。如果②和③一切正常,说明摄像头可以正常支持树莓派的摄像功能。

④安装必要的软件集:Sudo apt-get install subversion、Sudo apt-get install libv4l-dev、Sudo apt-get install libjpeg8-dev、Sudo apt-get install imagemagick。

⑤下载 mjpg-streamer 安装包,编译、安装软件。

⑥进入拷入树莓派源程序目录,通过在命令行输入"./stream.sh"运行 mjpg-streamer 程序,并在浏览器中输入"树莓派 IP 地址/? action = stream",即可查看视频监控图像。

其中,Using V4L2 device 为摄像头驱动目录,Desired Resolution 为采集视频数据分辨率,Frames Per Second 为每秒帧数,Format 为数据格式 MJPEG,HTTP TCP port 为 TCP/IP 传输协议使用端口。

(2)主控电脑数据接收程序设计

系统控制中心主控电脑的数据接收存储软件编程环节主要是以 C 语言和汇编语言为基础,以.NET Framework 3.5 框架开发进行的。系统采用多线程的程序结构,分 3 个线程。系统上电启动后 3 个线程并行工作。主控制器具有单独的模块电路运行线程,程序流程图如图 6.21 所示。核心控制器主要进行如下操作:上电后系统进行初始化;处理与树莓派的通信及测量数据导出任务;处理温度传感器信号,完成温度信息的获取;启动 3 个线程,处理宽带微型 ADCP 多普勒仪获取的数据的存储并显示。

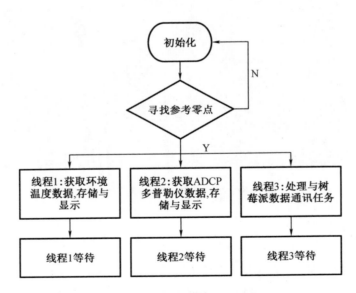

图 6.21　主控制器程序流程图

系统用户程序是在 Visual Studio 2010 开发环境下用 C#语言开发的。C#是微软公司推出的一种面向对象的编程语言,可以为用户提供基于 Microsoft.NET 框架的应用开发,该框架所包含的库文件可以极大地满足程序员的各类开发需求。本节系统功能包括数据保存、参数设置、数据处理、数据采集、图形显示和打印。方案流程图如图 6.22 所示。

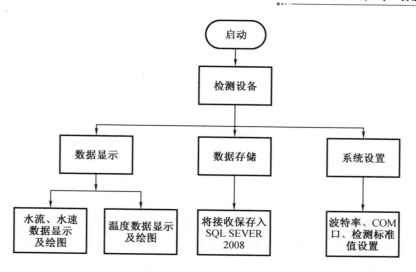

图6.22 方案流程图

启动该系统后,先检查树莓派与远端控制计算机是否通信正常,只有在通信正常后,系统的"系统设置""数据存储"及"数据显示"等模块相关命令才可执行。确定通信正常后,点击"设置"命令,对系统传输的波特率和COM口进行设置,然后点击"开始采集",系统就开始接收水深、水速和温度数据并存入数据库。同时在界面下方会显示当前时间,并在界面中显示曲线。点击"温度数据",系统就会弹出界面,显示当前温度和温度变化曲线图。

【思考题】

1. 阐述水下电气系统故障检测维修机器人的设计实现过程。
2. 介绍基于无线传感器网络的海洋环境监测系统。

参 考 文 献

[1] 周亦武. 智能仪表原理与应用技术[M]. 北京:电子工业出版社,2009.

[2] 王仲生. 智能检测与控制技术[M]. 西安:西北工业大学出版社,2002.

[3] 曾孟雄,李力,肖露,等. 智能检测控制技术及应用[M]. 北京:电子工业出版社,2008.

[4] 林凌,李刚. 测控系统设计、工艺与可靠性400问[M]. 北京:电子工业出版社,2017.

[5] 吴国庆,王格芳,郭阳宽. 现代测控技术及应用[M]. 北京:电子工业出版社,2007.

[6] 李东伟,张文娟. 美国车系故障诊断与排除技巧[M]. 北京:机械工业出版社,2011.

[7] 屈有安,程雪敏. 虚拟仪器测试技术[M]. 北京:北京理工大学出版社,2016.

[8] 刘鹏,张玉宏. 人工智能[M]. 北京:高等教育出版社,2019.

[9] 李涛,孙传友. 测控系统原理与设计[M]. 4版. 北京:北京航空航天大学出版社,2020.

[10] 赵炯,周奇才,熊肖磊,等. 设备故障诊断及远程维护技术[M]. 北京:机械工业出版社,2014.

[11] 虞和济,侯广琳. 故障诊断的专家系统[M]. 北京:冶金工业出版社,1991.

[12] 刘建民. 汽车故障诊断维修方法与技巧110例[M]. 北京:化学工业出版社,2015.

[13] 杨永先. 汽车故障诊断与综合检测[M]. 北京:人民交通出版社,2006.

[14] 张志军,柳文灿. 数控机床故障诊断与维修[M]. 北京:北京理工大学出版社,2010.

[15] 毕宏彦,徐光华,梁霖. 智能理论与智能仪器[M]. 西安:西安交通大学出版社,2010.

[16] 齐永奇. 测控系统原理与设计[M]. 北京:北京大学出版社,2014.

[17] 陈润泰,许琨. 检测技术与智能仪表[M]. 长沙:中南工业大学出版社,1990.

[18] 王仲生. 智能故障诊断与容错控制[M]. 西安:西北工业大学出版社,2005.

[19] 郭庆胜,任晓燕. 智能化地理信息处理[M]. 武汉:武汉大学出版社,2003.

[20] 彭向阳,陈驰,饶章权. 大型无人机电力线路巡检作业及智能诊断技术[M]. 北京:中国电力出版社,2015.

[21] 陈毅静. 测控技术与仪器专业导论[M]. 3版. 北京:北京大学出版社,2019.

[22] 莫宏伟. 人工智能导论[M]. 北京:人民邮电出版社,2020.

[23] 曾凡太,刘美丽,陶翠霞. 物联网之智:智能硬件开发与智慧城市建设[M]. 北京:机械工业出版社,2020.

[24] 雷擎,伊凡. 基于Android平台的移动互联网应用开发[M]. 2版. 北京:清华大学出版社,2017.

[25] 朱近之. 智慧的云计算:物联网的平台[M]. 2版. 北京:电子工业出版社,2011.

[26] 李长云,王志兵. 智能感知技术及在电气工程中应用[M]. 成都:电子科技大学出版社,2017.

[27] 王立华,高世皓,张恒,等.智能家居控制系统的设计与开发:TI CC3200 + 物联网云平台 + 微信[M].北京:电子工业出版社,2018.

[28] 雷玉堂.安防 & 云计算:物联网智能云安防系统实现方案[M].北京:电子工业出版社,2015.

[29] 邹力.物联网与智能交通[M].北京:电子工业出版社,2012.

[30] 刘建明.物联网与智能电网[M].北京:电子工业出版社,2012.

[31] 孙皓,郑歆慰,张文凯.人工智能云平台:原理、设计与应用[M].北京:人民邮电出版社,2020.

[32] 王东云,刘新玉.人工智能基础[M].北京:电子工业出版社,2020.

[33] 周苏,张泳.人工智能导论[M].北京:机械工业出版社,2020.

[34] 李长云,王志兵.智能感知技术及在电气工程中应用[M].北京:电子科技大学出版社,2017.

[35] 雷玉堂.安防 & 智能化:视频监控系统智能化实现方案[M].北京:电子工业出版社,2013.

[36] 王进峰.智能制造系统与智能车间[M].北京:化学工业出版社,2020.

[37] 葛涛.对测控技术与仪器的智能化技术运用探讨[J].当代化工研究,2021(4):46 - 47.

[38] 葛涛.嵌入式无线网络化测控仪器关键技术研究与实现[J].无线互联科技,2021(3):5 - 6.

[39] 隋阳.测控技术与仪器的智能化技术应用研究[J].石河子科技,2021(1):19 - 20.

[40] 张鸿帆.分析国内测控技术与仪器发展现状以及趋势[J].中国设备工程,2021(2):204 - 205.

[41] 童子权,盖建新,任丽军,等.测控技术与仪器专业创新创业课程案例设计[J].高教学刊,2021(1):28 - 31.

[42] 韩璐,任富.测控技术与仪器在实践中的应用[J].石河子科技,2020(6):16 - 17.

[43] 李少年,魏列江,梁金梅,等.测控技术与仪器专业新工科实践教学体系构建探索:基于能源动力装备及系统[J].大学教育,2020(12):53 - 55.

[44] 刘栋.测控技术与仪器的智能化技术应用研究[J].信息与电脑(理论版),2020(22):127 - 129.

[45] 马欣茹.测控技术与仪器的智能化技术应用研究[J].中国设备工程,2020(21):35 - 36.

[46] 龚强国,李启龙.测控技术与仪器的智能化技术应用研究[J].数字技术与应用,2020(10):65 - 67.

[47] 刘海艳,李俊敏.测控技术与仪器专业人才培养体系的研究[J].装备制造技术,2020(10):208 - 210.

[48] 陈敏.测控技术与仪器在实践中的应用分析[J].现代工业经济和信息化,2020(9):76 - 77.

[49] 张总.基于虚拟仪器的风沙环境风洞风速测控系统设计[J].仪表技术,2020(9):10 - 12.

[50] 侯庆文,赵小燕,刘皓挺,等.科技文明发展的推进器:测控技术及仪器[J].金属世

界,2020(5):115 - 121.

[51] 张阳,于兵,王黎琰,等. 文物展柜微环境多参数测控仪器设计[J]. 传感器与微系统, 2020(7):98 - 100,107.

[52] 折越. 测控技术与仪器的智能化发展与应用探索[J]. 南方农机,2020(11):210.

[53] JONES B E. Measurement:past,present and future:part 2 measurement instrumentation and sensors[J]. Measurement and Control,2013,46(4):115 - 121.

[54] JONES B E. Measurement:past,present and future:part 3 measurement innovation and impact[J]. Measurement and Control,2013,46(4):122 - 128.

[55] YANG H,XU X. Intelligent crack extraction based on terrestrial laser scanning measurement [J]. Measurement and Control,2020,53(3 - 4):416 - 426.

[56] LI L,YANG H T,JIANG L,et al. Optimal measurement area determination algorithm of articulated arm measuring machine based on improved FOA[J]. Measurement and Control,2020,53(9 - 10):2146 - 2158.

[57] HO C C,ZHANG R H. Machine vision-based relative-angle measurement system between circular holes[J]. Measurement and Control,2021,54(5 - 6):1.

[58] REHMAN W U R,LUO Y X,WANG Y Q,et al. Fuzzy logic-based intelligent control for hydrostatic journal bearing[J]. Measurement and Control,2019,52(3 - 4):229 - 243.

[59] YAN X L,CHEN G G,TIAN X L. Two-step adaptive augmented unscented Kalman filter for roll angles of spinning missiles based on magnetometer measurements[J]. Measurement and Control,2018,51(3 - 4):73 - 82.

[60] WANG H Y,HU S S,LIU Z S,et al. Simulation and verification of measurement system for deep-sea pressure and its small fluctuation pressure[J]. Measurement and Control, 2020,54(1 - 2):44 - 54.

[61] FANG Z,YANG J,WU X C,et al. Design and development of an embedded intelligent optimal control platform[J]. Measurement and Control,2012,45(8):244 - 248.

[62] SANTHOSH K V,ROY B K. A practically validated adaptive calibration technique using optimized artificial neural network for level measurement by capacitance level sensor[J]. Measurement and Control,2015,48(7):217 - 224.

[63] WU Y,LU Y J. An intelligent machine vision system for detecting surface defects on packing boxes based on support vector machine[J]. Measurement and Control,2019,52 (7 - 8):1102 - 1110.

[64] XU X,CHEN Y,LIU Z M,et al. The value of intelligent ultrasound sensor used in the measurement of fetal hemodynamics and evaluation of health factors[J]. Measurement, 2020,158(11):107699.

[65] ZHU D H,FENG X Z,DING H. Robotic grinding of complex components:a step towards efficient and intelligent machining—challenges, solutions, and applications[J]. Robotics and Computer-Integrated Manufacturing,2020,65:101908.

[66] SAMONTO S,KAR S,SEKH A A. Fuzzy logic based multistage relaying model for cascaded intelligent fault protection scheme [J]. Electric Power Systems Research, 2020, 184 (3):106341.

[67] LI R C,ZHANG X P,XU Q Y. Application of neural network to building environmental prediction and control [J]. Building Services Engineering Research and Technology, 2020,41(1):25 - 45.

[68] LIU P F,FAN W. Exploring the impact of connected and autonomous vehicles on freeway capacity using a revised Intelligent Driver Model [J]. Transaction Planning and Technology,2020,43(3):279 - 292.

[69] WANG Y,LI J E,CHEN X,et al. Remote attestation for intelligent electronic devices in smart grid based on trusted level measurement[J]. Chinese Journal of Electronics,2020, 29(3):437 - 446.

[70] MA F W,SHI J Z,WU L,et al. Consistent monocular ackermann visual-inertial odometry for intelligent and connected vehicle localization[J]. Sensors,2020,20(20):5757.

[71] YANG Z W,PENG J F,WU L,et al. Speed-guided intelligent transportation system helps achieve low-carbon and green traffic:evidence from real-world measurements[J]. Journal of Cleaner Production,2020,268:122230.

[72] RIAHI J, VERGURA S, MEZGHANI D. Intelligent control of the microclimate of an agricultural greenhouse powered by a supporting PV system[J]. Applied Sciences,2020, 10(4):1350.

[73] YAN F, LI S, ZHANG E Z, et al. An intelligent adaptive Kalman filter for integrated navigation systems[J]. IEEE Access,2020,8:213306 - 213317.